HISTOIRE

NATURELLE ET MYTHOLOGIQUE

DE L'IBIS.

IMPRIMERIE DE H. L. PERRONNEAU.

HISTOIRE

NATURELLE ET MYTHOLOGIQUE

DE L'IBIS;

Par Jules - César SAVIGNY,

MEMBRE DE L'INSTITUT D'ÉGYPTE;

Ornée de six planches gravées par Bouquet, d'après les dessins de H. J. Redouté et Barraband.

Libycisque vescens ipsa scorpionibus...
PHILE.

PARIS,

ALLAIS, libraire, quai des Augustins, n°. 39.

M. DCCC. V.

HISTOIRE

NATURELLE ET MYTHOLOGIQUE

DE L'IBIS;

Par Jules-César SAVIGNY,

MEMBRE DE L'INSTITUT D'ÉGYPTE.

Ouvrage orné de planches gravées par Bouquet,
d'après les dessins de M. M. Huet et Barraband.

PARIS

ALLAIS, libraire, rue Saint-André-des-Arcs, n° 11.

M DCCC V.

EXTRAIT

DES

QUESTIONS PROPOSÉES

Par M. MICHAELIS.

Quoique je ne croie pas que l'oiseau que je viens de nommer en hébreu *janschuf*, soit l'ibis des Égyptiens, cependant, puisque les Septantes le traduisent par-tout par ἶβις, tant dans les livres de Moyse, que dans les prophéties d'Ésaie XXXIV.11, cela excite naturellement ma curiosité touchant un oiseau si célèbre dans l'antiquité, et si peu connu des naturalistes modernes.

Mais pour bien faire comprendre mes questions aux voyageurs, il faut, avant toute chose, que je leur rappelle certaines idées. Et d'abord, selon Hérodote, il y avoit deux sortes d'ibis, le blanc et le noir ; le noir étoit proprement l'ennemi des serpens, et faisoit sa demeure à l'entrée des deserts, tandis que le blanc étoit un oiseau domestique.

Ma seconde remarque, c'est que l'ibis doit encore avoir été fort commun en Égypte du tems de Prosper Alpin ; il le décrit d'une manière qui le rend fort reconnoissable, et précisément comme les anciens ; au lieu que, selon Shaw, il doit être très-rare de nos jours. C'est pourquoi nos voyageurs prendront garde de ne point confondre l'ibis avec quelque autre oiseau. Il est certainement arrivé quelque chose d'approchant à Hasselquist ; puisqu'il a cru, que l'ibis étoit une sorte de héron, et qu'il le range sous la classe intitulée : *ardea (ibis) tota alba , pedibus atris , unguibus arcuatis maximis , n°*. 25. Car le héron blanc de Hasselquist a le bec droit, tandis que non-seulement le témoignage

unanime des anciens, mais encore les figures sans nombre, qu'ils ont gravées
sur des monumens d'Égypte, et Prosper
Alpin, donnent le bec recourbé comme
un des caractères distinctifs de l'ibis. Je
croirois plutôt que l'ibis des anciens est un
oiseau fabuleux, que de prendre le héron
d'Hasselquist pour cet oiseau.

Outre les descriptions des anciens, et
celle de Prosper Alpin, les voyageurs
ont encore un double moyen de se garantir des erreurs de cette nature, et de
reconnoître le vrai ibis. Le premier leur
est fourni par les vieux monumens de
l'Égypte, où la figure de cet oiseau se voit
par-tout exprimée; le second, qui est encore plus sûr, consiste dans la contem-
plation des momies de Sakara, si tant est
que, comme Shaw le rapporte (pag. 242),
le bec, les os et même les plumes de ces
ibis se soient jusqu'à ce jour parfaitement
bien conservés. Il est étonnant que ni lui
ni d'autres n'aient considéré, de combien

de doutes le transport d'une ou de deux de ces urnes pourroit délivrer les naturalistes.

Si, par ces moyens, les voyageurs découvrent le véritable ibis, je les prie de nous donner une description exacte de sa figure et de son économie, et de nous en procurer même une délinéation ; car celles que nous en avons jusqu'ici, ne sont point copiées d'après nature, mais d'après les monumens des Égyptiens, et cela par des savans, à qui les antiquités tenoient plus à cœur que l'histoire naturelle. Peut-être faut-il excepter la figure donnée par Belon, et qui a été recopiée par d'autres, comme, par exemple, par Aldrovande. Mais c'est ce que nous ne pourrons savoir avec certitude, que lorsque les voyageurs nous auront procuré une délinéation nouvelle de cet oiseau, faite immédiatement d'après nature.

Je serois encore curieux de voir jusqu'à

quel degré d'exactitude les figures de l'ibis, placées sur les monumens égyptiens, s'accordent avec la nature, sur-tout dans les parties par lesquelles les naturalistes modernes expriment le genre de cet oiseau, Je parle des pieds, du bec et de la tête. Cela répandroit de la lumière sur l'histoire naturelle de l'ancienne Égypte.

Mais si les voyageurs n'étoient point assez heureux pour se procurer un ibis en vie, je les prie de nous le faire connoître, autant qu'il sera possible du moins par les squelettes que l'on en a conservés, et par les figures qu'ils en verront sur les obélisques.

Les Grecs auroient-ils raison de dire, que l'ibis ne se trouve point du tout hors de l'Égypte ? Il faut bien que les Septantes ne l'aient pas cru, puisqu'ils le rangent au nombre des oiseaux défendus, parmi lesquels il ne mériteroit point de place, si les Israélites n'eussent jamais

eu occasion de le voir dans leur pays ;
et puisqu'ils assignent les déserts d'Edom
pour demeure à cet ennemi des serpens.
Es. XXXIV, II.

Quel est le nom que porte actuellement
l'ibis en Égypte ? Quand même on ne con-
noîtroit cet oiseau que par les momies et
les obélisques, cela n'empêcheroit point
que l'on ne pût apprendre son nom. Dans
la version cophte, faite d'après les versions
grecques, je trouve *hippen*, substitué au
mot grec ἴβις.

L'ibis a-t-il un nom arabe ? J'en doute ;
tant à cause que je n'en puis trouver, que
parce que l'interprète arabe, dans le
passage d'Ésaïe, que je viens de citer
(XXXIV. II), traduit le mot ἴβις par
hhobârâ, oiseau tout différent, et qui,
selon Shaw (pag. 282, 283) appartient
au genre des outardes (*Otis*).

Aldrovande débite les mots d'*auschuz*

(Ornithol. lib. XX , part. III , cap. III ,
pag. 93) et de *caseuz* pour des noms
arabes de l'ibis ; mais je doute fort qu'il
ait raison ; et comme il ne se trouve point
d'*Avicenna* arabe à notre bibliothèque ,
je ne suis pas même en état de déterminer
comment ces mots doivent être écrits en
arabe.

*J'ai pensé que ces questions, proposées
par un savant du plus grand mérite,
ne paroîtroient point déplacées à la tête
d'une histoire critique de l'ibis.*

J.C. SAVIGNY.

TABLE DES SOMMAIRES.

ERRATA.

<table>
<tr><td colspan="3">Pag. ligne.</td></tr>
<tr><td>54,</td><td>23,</td><td>digérées, lisez digérés.</td></tr>
<tr><td>47,</td><td>24,</td><td>j'insistois, lisez j'insistai.</td></tr>
<tr><td>48,</td><td>9,</td><td>je parlois, lisez je parlai.</td></tr>
<tr><td>85,</td><td>26,</td><td>levarit, lisez levavit.</td></tr>
<tr><td>94,</td><td>20,</td><td>le rendoit, lisez la rendoit.</td></tr>
<tr><td>147,</td><td>13,</td><td>ensevelie, lisez enseveli.</td></tr>
<tr><td>156,</td><td>1,</td><td>(au rapport d'Apion), lisez au rapport d'Apion (1).</td></tr>
<tr><td>157,</td><td>23,</td><td>Ædip., lisez Œdip.</td></tr>
<tr><td>177,</td><td>18,</td><td>bâtmiens, lisez bâtimens.</td></tr>
</table>

HISTOIRE
NATURELLE ET MYTHOLOGIQUE
DE L'IBIS.

INTRODUCTION.

LES oiseaux dont je vais parler, sont depuis longtems célèbres par le culte qu'ils reçurent des Egyptiens. Ils le sont sur-tout à cause de l'importance des idées sur lesquelles on a prétendu que ces honneurs étoient fondés ; idées qui sembloient liées à de singuliers phénomènes.

Comme il s'agit, dans cet ouvrage, de remonter sûrement aux premiers motifs du culte de l'ibis, je commencerai par les déduire de faits puisés dans la seule nature. Je continuerai de les démontrer en conciliant avec ces connoissances fixes et invariables, celles que les historiens nous ont transmises.

Ces dernières ne nous étant parvenues que sous la forme de traditions indirectes, pouvant être très-altérées , et ne nous permettant d'ailleurs de juger des tems les plus reculés , que par des tems beaucoup postérieurs , j'essayerai de consulter les antiques annales de l'Egypte qui m'auront fourni de grandes lumières , si je les ai interprétées dans leur véritable sens.

Le but que je me propose n'est pas indigne de fixer l'attention. L'histoire exacte mais détaillée de l'ibis , et de tout être qui eut de semblables rapports avec l'homme , peut conduire à des considérations importantes sur l'homme lui-même.

PREMIÈRE SECTION.

§. PREMIER.

*Portrait de l'Ibis d'après les anciens, et
fausses conjectures des modernes.*

C'étoit le caractère commun que les anciens
attribuoient aux ibis (1) d'avoir les pieds semblables à ceux de la grue, et le bec courbé (2).
Ces oiseaux différoient, au contraire, par la
couleur de leur plumage. Les uns étoient entièrement noirs; les autres blancs, et n'avoient
de noir que la tête, le col, l'extrémité des
ailes et du dos. On les distingua donc en deux
espèces (3), l'*Ibis blanc* et l'*Ibis noir*. Hérodote

---

(1) En cophte ZINNEN, *hippen.*
En grec Ibis.
En latin *Ibis.*
(2) *Herodot. Hist. Euterp.,* cap. 77.
Pausan. Grœc. Descrip., lib. 8.
Albert. magn. de Animal., lib. 23, cap. 24.
Auth. de Nat. rer. [I]
(3) *Herodot. Hist. Euterp.,* cap. 77.

compare la taille de l'ibis noir à celle du *crex* (1), mais le crex des anciens nous est encore inconnu (2). Du reste, semblables dans toute leur conformation, ces oiseaux avoient les mêmes habitudes et montroient le même instinct. Cet instinct, disoit-on, consiste dans une violente antipathie pour les serpens et tous les reptiles venimeux ; car non-seulement les ibis les poursuivent sans cesse et les tuent par milliers sur le limon de l'Egypte, mais ils vont en combattre de grandes troupes qui se portent tous les ans vers cette région ; ils les arrêtent avant qu'ils en aient dépassé les limites ; ils les dévorent ; et les Egyptiens reconnoissans d'un service auquel ils doivent leur salut, honorent des oiseaux si utiles comme des divinités.

Voilà les traits principaux sous lesquels on

Aristot. Hist. Animal., lib. 9, cap. 35. XXVII.
Plin. Hist. natur., lib. 10, cap. 30. XLV.
Strab. Geograph., lib. 17.
Solin. Polyhist., cap. 35.
Albert. magn. de Animal., lib. 8, tract. 2. cap. 5. *et lib.* 23, cap. 24. [II]

(1) *Herodot. Hist. Euterp.*, cap. 77.

(2) Les anciens paroissent avoir confondu sous le nom de *crex* plusieurs espèces d'oiseaux. Celui d'Hérodote pourroit bien être notre courlis.

a peint les ibis. On leur a supposé en même
tems la force et les armes nécessaires pour
vaincre des ennemis dangereux ainsi que doivent l'être des serpens. Cicéron leur attribue
un port élevé, des pieds robustes, un bec
dur et grand (1). Strabon veut qu'ils soient
pour la taille et la figure très-semblables à la
cigogne (2); assertion reproduite depuis dans
Albert et dans Prosper Alpin (3). Belon s'est
même persuadé que l'ibis blanc d'Hérodote ne
pouvoit être que l'oiseau révéré par les Thes-
saliens (4); et au sujet des raisons qu'il en
donne, j'observe que la faculté de manger
les serpens, qui se trouve dans la cigogne à
un haut degré, a dû porter à confondre avec
cet oiseau connu de tous tems, l'ibis qu'on ne
connoissoit pas (5), et qu'on ne se représentoit guère que par un caractère unique, mais

---

(1) *Cicer. de Natur. Deor.*, *lib.* 1. [III]

(2) *Strab. Geograph.*, *lib.* 17. [IV]

(3) *Albert. magn. de Animal.*, *lib.* 23, *cap.* 24.
  Prosp. Alpin. Hist. Ægypt. natur., *pars* 1, *lib.* 4,
    cap. 1. [V]

(4) De la nature des oyseaux, par Belon, liv. 4, chap.
9 et 10. [VI]

(5) Les modernes croient ordinairement que l'ibis est
une cigogne. *Caylus*, Antiq. égypt., tom. 7, pag. 54.

si essentiel, qu'autrement il ne paroissoit pas possible de s'en faire d'idée.

Les recherches des modernes ont même toutes été dirigées en ce sens. Maillet propose de regarder comme l'ibis un oiseau très-commun en Egypte, qui se nourrit d'immondices et de reptiles, qui est quelquefois blanc et noir, et quelquefois tout noir (1); mais depuis Hasselquist, personne ne peut plus ignorer que cet oiseau auquel les Arabes donnent le nom de *rokhaméh*, est un vautour (2) et le véritable *percnoptère* des Grecs. Au sentiment du même Hasselquist, l'ibis est un petit héron blanc (3)

---

(1) Description de l'Egypte, par Maillet; tom. 2 de l'édit. in–4°., pag. 22. De l'ibis ou chapon de Pharaon.

(2) *Vultur Percnopterus : Hasselq. iter. Palest., pars 2, class. 2, n°. 14.*

Vultur Percnopterus : Syst. natur. av. gen. 41, n°. 7, edit. Gmel., pag. 249.

Nota. Bruce a donné la figure de cet oiseau, tom. 5 de ses voyages, pl. 33.

(3) *Ardea ibis, Hasselq. : iter. Palest., pars 2, class. 2, n°. 25.*

Ardea ibis : Syst. natur. ; edit. 10, pag. 114.

Nota. Nous ne suivons pas ici la description d'Hasselquist, parce qu'elle est défectueuse.

qui a le sommet de la tête et la poitrine teints
de jaunâtre, le bec jaune ainsi que les pieds,
et qui se tient toute la journée à la suite des
troupeaux, dans les champs cultivés, les prairies, où, quoiqu'en ait dit le voyageur suédois,
je suis assuré qu'il ne ramasse ordinairement
que des grains, des insectes terrestres, ou même
des insectes parasites, qu'il prend sur le bétail;
habitude qui lui a valu l'épithète arabe d'*abóu
qordán* (père aux tiques). Buffon et Mauduit
qui ont eu connoissance de cette espèce, ne
l'ont pas jugée différente de la garzette blanche (1).

Ces conjectures, et de moins vraisemblables
que je me dispenserai de rapporter, trouvèrent
peu de partisans. Les idées ne commencèrent
à se fixer que lorsque Perrault eut publié
sous le titre de *Description d'un Ibis blanc*,
des observations (2) sur un oiseau dont l'espèce n'étoit pas encore connue. Cet oiseau
venoit d'Egypte : sa taille égaloit presque celle

____

(1) *Ardea æquinoctialis : Syst. natur. av. gen.* 84,
n°. 25. *var. β. edit. Gmel.*, *pag.* 641.

(2) Description d'un ibis blanc et de deux cigognes :
Acad. des sciences de Paris, tom. 3, part. 3, pag. 58,
pl. 13; et pag. 61.

de la cigogne ; ses jambes longues et grêles et
sa face étoient couvertes d'une peau rouge ;
mais son plumage tiroit sur le blanc, à l'exception des grandes pennes de ses ailes qui étoient
noires ; enfin son bec étoit courbé : et comme
on trouva ce bec très-fort, échancré vers sa
pointe, dur et tranchant sur ses bords, il parut
propre à saisir et à couper les serpens. L'opinion
de Perrault sur ce point devint celle des meilleurs
naturalistes, et est encore presque universelle-
ment adoptée. Elle sembla si juste et si vraie à
Buffon qu'elle prévalut dans son esprit sur
l'inspection des momies d'ibis, qui devoient
la démentir, et que le mettant sans cesse en
contradiction avec lui - même, elle l'obligea
d'avancer plusieurs fausses assertions (1). Linnée
l'admit aussi dans la douzième édition de
son *Systema naturæ*, où il a fait, pour
l'oiseau dont il s'agit, l'article du *Tantalus
Ibis* (2) : mais on n'a pu que s'étonner qu'il
lui ait rapporté comme synonime le petit héron

------

(1) Voyez les articles Ibis et Ibis blanc de l'Hist. nat.
des oiseaux, tom. 8, pag. 1 et suiv. — Buffon, d'après
Maillet, a de plus attribué les habitudes du vautour
percnoptère, à l'ibis ; et la confusion s'en est singulièrement augmentée.

(2) *Syst. natur.*, edit. 12. *av. gen.* 85, n°. 4.

blanc d'Hasselquist. C'est sans doute par une conséquence de cette première erreur que Latham et Gmelin y ont réuni (1) *l'oiseau de bœuf* ou *ox-bird* de Shaw (2) ; car l'ox-bird par sa taille, son plumage, et par ses habitudes, ne me paroît pas différent du héron d'Hasselquist que les Européens établis en Egypte désignent aussi sous le nom de *garde-bœuf* (3).

Au sujet de l'ibis noir, l'incertitude a été beaucoup plus grande ; et jusqu'à ce jour, les naturalistes se sont contentés de transcrire (4) une description que Belon prétend donner de cet oiseau (5), et qui convient en effet à un tantalus noir très-connu, mais dont la face,

---

(1) Lath. Synops. of birds, tom. 3, I. gen. 66, n°. 10. *Syst. natur. av., edit. Gmel., pag.* 65o. |

(2) Voyag. en Barbarie et en Egypte, traduct. française, tom. 1, pag. 53o.

(3) Savary, Lettres sur l'Egypte, tom. 1, L. 22, pag. 28o, s'est servi, de même que Shaw, du mot *rouge* pour exprimer la couleur des pieds du garde-bœuf ; mais elle est tout au plus d'un orangé-olivâtre dans quelques individus.

(4) Voyez l'article Ibis noir de l'Histoire naturelle des oiseaux, tom. 8, pag. 17.

(5) De la nature des oyseaux, liv. 4, chap. 9, avec une figure.

le bec et les pieds sont rouges , caractère qui
ne doit se trouver dans aucune espèce d'ibis,
ainsi que quelqu'un l'a remarqué depuis peu (4).

On verra encore mieux par la suite , que
Buffon et Linnée ne connoissoient point les
ibis des Egyptiens ; ce qui est également certain pour tous ceux qui les ont copiés.

____

(4) M. Cuvier.

§. II.

Que Bruce a découvert l'Ibis blanc.

Puisqu'il existe des momies d'ibis, où l'on peut très-bien voir la taille, la forme et le plumage de l'oiseau, on doit se dire : si l'on retrouvoit un oiseau dans lequel toutes ces choses fussent exactement semblables, on auroit à coup sûr un des ibis des anciens ; et si cet oiseau venoit à être observé en Egypte, la preuve en seroit portée jusqu'à l'évidence. C'est ce qui est arrivé.

Vers ce même tems où Buffon écrivoit sur l'ibis des pages plus inspirées par l'éloquence que dictées par une saine critique, Bruce qui remontoit péniblement le cours du Nil, dans l'espoir d'en découvrir la source, trouvoit l'occasion de faire une partie de ce que l'on vient de supposer. Pendant son séjour dans la Basse Ethiopie, il vit des troupes prodigieuses d'oiseaux arriver, à la saison des pluies, sur les grands lacs qu'elles entretiennent, et dans le nombre il en distingua une espèce dont la forme lui rappella celle de l'ibis, telle que les monumens de l'Egypte la lui avoient présentée. Ayant

dans la suite pu comparer un de ces oiseaux
avec des ibis embaumés , il reconnut que le
bec , le crâne , le tarse et la jambe étoient parfaitement semblables pour la forme et pour les
proportions ; et comme la couleur du plumage
se trouva aussi la même , c'est-à-dire , blanche
et noire , et telle que les anciens l'ont souvent
indiquée , il ne douta point qu'il n'eût en effet
retrouvé l'ibis. Pour le prouver , il en publia
une figure (1) , en même tems qu'il protesta
contre l'identité de l'ibis des anciens avec celui
de Buffon , assurant qu'il n'avoit jamais vu rien
qui ressemblât à ce dernier , ce qui n'est pas
étonnant , puisque l'espèce en est fort rare en
Egypte , quoiqu'elle y soit connue sous le nom
de *solleïhek* , parce qu'il en vient , tous les
ans , avec les cigognes , de petites troupes ,
mais qui sont très-sauvages , et qui ne font que
passer.

Bruce convint cependant qu'il n'avoit observé
son ibis qu'en Ethiopie , et il exposa les raisons
qui lui paroissoient avoir relégué cet oiseau dans
ce pays , en l'éloignant de l'Egypte. La vérité
est qu'il se trouve dans toute la Basse Egypte , pen-

______

(1) Voyage aux sources du Nil , tom. 5 , pl. 35 et pag.
202 , l'Abou-hannès ou l'Ibis.

dant une partie de l'année , et que tout le monde l'y connoît. Il n'y porte pas le nom d'*abou-han-nès* , comme en Ethiopie , mais on le distingue sous un autre nom qui exprime la courbure de son bec ; car les Arabes l'appellent *mengel*, *abou-mengel* , ce qui signifie la faucille , ou , et à la lettre , le père de la faucille.

J'ai étudié cet oiseau (voyez planche 1ère.) et l'ibis blanc embaumé dans les plus grands détails ; je me suis convaincu qu'il étoit impossible d'appercevoir entre eux la moindre différence: on n'en trouvera pas davantage , en leur rapportant les descriptions que les anciens nous ont laissées.

L'ibis blanc est donc reconnu depuis Bruce ; mais une erreur accréditée par des noms célèbres étoit encore plus forte que la vérité. Les assertions du voyageur anglais , quoique très-justes , ne devoient pas être seulement remarquées. Il falloit qu'elles fussent exposées avec plus de développement , et confirmées par de nouvelles comparaisons , ainsi qu'elles le sont aujourd'hui dans un mémoire de M. Cuvier (1) , qui contient des observations nombreuses , très-précises , et

____

(1) Mémoire sur l'ibis des anciens Egyptiens , imprimé dans le 20ème. cahier des Annales du Muséum d'histoire naturelle , pag. 116 et suiv.

lesquelles prouvent très-bien ; 1°. que l'ibis blanc de Perrault, de Brisson (1), de Buffon (le *tantalus ibis* de Linnée) n'est point l'ibis blanc des anciens Egyptiens ; 2°. que ces oiseaux diffèrent prodigieusement, par la grandeur, le vrai ibis étant de moitié plus petit, par le plumage (2), et par des caractères encore plus essentiels qui ne permettent point de les comprendre dans le même genre.

Réduisant après ces premières considérations le genre propre des *tantalus* à deux espèces seulement, l'ibis de Perrault et le curicaca de Margrave (3), M. Cuvier forme de toutes les autres espèces, qui sont de moindre taille et qui n'ont pas le bec dur et tranchant, un genre

---

(1) Briss. Ornith., tom. 5, pag. 349.

(2) Voici la phrase de Brisson : *Numenius sordide albo rufescens, capite anteriore nudo rubro ; lateribus rubro purpureo et carneo colore maculatis, remigibus majoribus nigris ; rectricibus sordide albo rufescentibus, rostro in exortu dilute luteo, in extremitate aurantio, pedibus griseis (in adultioribus, rubris) . . . . . Ibis candida.* Cet oiseau est représenté dans Buffon, planches enluminées, n°. 389.

(3) Le *tantalus ibis* de Linnée doit rester en un genre séparé avec le *tantalus loculator*. Leur caractère sera *rostrum validum arcuatum, apice emarginatum.* Mémoire précité, pag. 134.

particulier qu'il regarde comme très-naturel , et qu'il appelle *numenius* (1). Je dois en prévenir ici , parce qu'il nous est utile d'adopter ce genre naturel, où l'ibis blanc des anciens vient d'être placé ; et puisque M. Cuvier juge qu'on doit donner à ce même ibis blanc le nom de *numenius ibis* (2) , ce sera pour l'indiquer que j'emploierai quelquefois cette dénomination.

Il y a cependant un éclaircissement nécessaire à donner. J'applique le nom de *numenius ibis* à une espèce commune en Egypte et en Ethiopie , que Bruce a fait connoître le premier sous le nom d'*abou-hannès* ou *ibis* , que Latham a mentionnée ensuite (3) sous celui de *tantalus œthiopicus ;* à une espèce que je regarde, et que M. Cuvier lui-même regarde (4) comme l'ibis blanc des an-

---

(1) Les autres *tantalus* des dernières éditions doivent former un genre avec les courlis ordinaires : on peut leur donner le nom de *numenius*. Leur caractère sera *rostrum teres, gracile, arcuatum, apice mutico.* Mémoire précité , pag. 134.

(2) L'ibis des anciens n'est point un *tantalus* . . . mais c'est un *numenius* ou *courlis* . . . Je le nomme *numenius ibis*, etc. Mémoire précité , pag. 134.

(3) *Lath. index ornithologicus.*

(4) De tous les auteurs modernes qui ont parlé de l'ibis ,

ciens Egyptiens ; sentiment dont la solidité est démontrée par les observations de Bruce , celles de M. Cuvier , et l'accord des proportions du squelette de l'ibis avec celles de l'oiseau vivant (1) retrouvé sur les lieux ; mais je le refuse à une autre espèce que M. Cuvier substitue à celle de

---

il n'y a que le seul Bruce . . . qui ne se soit pas mépris sur *la véritable espèce de cet oiseau*, et ses idées à cet égard , *quelque exactes qu'elles fussent*, *etc.* Mémoire précité , pag. 117.

(1) PARTIES.	Ibis trouvé vivant et mesuré en Egypte.			Squelette tiré d'une momie d'ibis, mesuré par M. Cuvier.		
	m	po.	li.	m	po.	li.
La tête et le bec ensemble.	0,199	7	5	0,210	7	9
Le bec seul.	0,154	5	8	0,163	6	0
Toute la colonne vertébrale	0,400	14	9	0,396	14	7
Le col seul.	0,195	7	2	0,192	7	1
Le tibia.	0,144	5	4	0,150	5	7
Le tarse.	0,097	3	7	0,102	3	9
Le doigt du milieu.	0,092	5	5	0,097	5	7
L'humérus, l'avant-bras et la main ensemble.	0,403	14	10	0,411	15	10

Bruce, qu'il donne encore plus affirmativement pour l'ibis, et dont il ignore cependant la patrie, parce que celle-ci offre des différences dans son plumage, ce que je ferai remarquer par la suite, et d'autres dans les proportions, comme ma note le prouve (1), et comme chacun peut s'en convaincre, en jetant les yeux sur les tables mêmes que M. Cuvier en a publiées.

J'observe que les proportions qui sont en note, ont été prises sur deux oiseaux de force et d'envergure égales. Or, on y voit que l'oiseau de M. Cuvier a les pieds et le cou plus

(1) PARTIES.	Ibis rapporté d'Égypte.			Ibis selon M. Cuvier.		
	m	po.	li.	m	po.	li.
Le bec..............	0,154	5	8	0,125	4	7
Le cou.............	0,195	7	2	0,176	6	6
La partie nue de la jambe	0,056	2	1	0,041	1	6
Le tarse............	0,097	3	7	0,085	3	2
Le doigt du milieu.	0,092	3	5	0,080	2	$11\frac{1}{2}$

Nota. L'aile pliée du premier a 0,355 (13 pouces 2 lig.). Celle de l'autre m'a paru avoir un peu plus.

courts, relativement à sa taille et à la grandeur de ses ailes, et que son bec offre des dimensions relatives encore moindres. Ceci établit une distinction d'autant plus grande entre
les deux espèces, que le numenius de M. Cuvier
étoit adulte au contraire du mien qui étoit un
jeune ; circonstance qui détruit l'objection qu'on
pourroit tirer de l'accroissement que prennent
diverses parties avec l'âge.

§. III.

Description de l'Ibis blanc.

Si notre numenius ibis et l'ibis blanc ne sont que le même oiseau, la description de l'un conviendra très-exactement à l'autre. Je pourrai même me borner à rappeler l'ancienne description d'Hérodote qui est assez étendue, en y ajoutant les observations nécessaires pour l'éclaircir ou la completter.

Voyons en effet comment cet auteur dépeint les ibis de l'espèce commune dans les lieux habités :

1°. *Ils ont une partie de la tête et toute la gorge dénuées de plumes* (1).

On voit que j'emprunte la traduction de M. Larcher. D'autres ont traduit : *ils ont la tête et le cou nuds* ; et si M. Larcher eût consulté les figures d'ibis qui nous viennent des Egyptiens, il eût peut-être préféré cette dernière version : elle exprime un caractère que présente constamment le numenius ibis dans l'âge adulte,

____

(1) Hist. d'Hérodote, traduite du grec, tom. 2, pag. 62.

après quelques mues. Dans la jeunesse , l'autre lui conviendroit davantage. Les joues , le bas du cou et la gorge entière sont alors revêtues de plumes petites , rares et comme semées sur la peau , qu'elles ne recouvrent qu'imparfaitement ; le dessus de la tête et la nuque le sont de plumes plus grandes, mieux fournies , assez longues à l'occiput pour y former une sorte de huppe , si l'oiseau avoit le pouvoir de les relever. L'ibis en bronze de Middleton , qui a aussi une petite huppe (1), et qui a paru ressembler si peu à notre oiseau , n'en seroit-il pas une figure exécutée ailleurs qu'en Egypte , d'après des indications vraies , mais qui auroient été mal saisies ?

2°. *Leur plumage est blanc, excepté celui de la tête , du cou , de l'extrémité des ailes et de la queue , qui est très-noir.*

Remarquons d'abord que tout ce qui n'est pas noir dans le plumage du numenius ibis , est d'un blanc pur.

Hérodote s'est-il contredit en parlant de la couleur du plumage de la tête et du cou , après avoir dit que ces parties étoient nues ? M. Larcher répond (2) que, d'après le texte même d'Hérodote,

---

(1) *Antiq. monument., tab.* 10 , *pag.* 129.
(2) Hist. d'Hérodote, tom. 2 , note 254 , pag. 508.

elles ne l'étoient pas complettement ; mais il faut encore distinguer les deux âges. Lorsque ces parties ont des plumes, celles du sommet de la tête, des joues, et du derrière du cou sont d'un noir à reflets, quelques-unes bordées de blanc ; celles de la gorge sont de cette dernière couleur. Lorsqu'elles n'en ont plus, la peau nue perd peu à peu sa couleur naturelle pour en prendre une qui tire sur le noir. Quel que soit le sentiment des traducteurs, cet endroit de la description d'Hérodote convient toujours, soit qu'on l'applique aux plumes noires de la tête et du cou, ou seulement à la peau, lorsque les plumes sont tombées.

L'extrémité des ailes est noire, ainsi que le dit le même auteur. Les grandes pennes sont terminées par un noir cendré, luisant, dans lequel le blanc forme des échancrures obliques ; les secondaires par un beau noir chargé de reflets verds et violets, et qui s'étend de plus en plus. Les trois ou quatre pennes internes sont même entièrement de ce noir à riches reflets, et les barbes en deviennent avec l'âge si excessivement longues et effilées qu'elles couvrent tout le croupion, et que retombant par-dessus le bout des ailes, elles cachent encore une partie de la queue ; mais les véritables pennes de la queue sont blanches comme le reste du plumage ; elles le sont dans les ibis embaumés, ce qui prouve que M. Larcher a mal traduit en français l'expression grecque dont le sens me paroît beaucoup mieux rendu par le mot latin *nates*. Le noir du croupion fait avec le blanc une forte échancrure, laquelle, comme le dit Plutarque, retraçoit aux Egyptiens l'image de la lune dans son croissant (1).

5°. *Quant aux cuisses (aux jambes) et au bec, il les ont de même que l'autre ibis*, c'est-à-dire, qu'ils ont les jambes *semblables à celles de la grue et le bec recourbé*, ou plus exactement en grande partie courbé. (Voyez les planches 2 et 3).

Les jambes, ou plutôt les pieds du numenius ibis, ne diffèrent pas de ceux des espèces du même genre (on sait assez que les avoir semblables à ceux de la grue est un attribut commun à tous les oiseaux de rivage) ; ils ne sont même distingués des pieds du courlis commun, *scolopax arquata*, que par plus d'épaisseur, et par des doigts et des ongles plus alongés. Ils sont noirs, ainsi que le bec. Ils paroissent précisément de sa longueur, si, en y joignant la partie nue de la jambe, on ne les mesure que jusqu'à l'origine des doigts. On lit en effet dans

---

(1) *Plutarch. moral. de Iside et Osiride.* [VII]

Plutarque , que l'espace compris entre les deux jambes de l'ibis et son bec forme un triangle à trois côtés égaux (1).

Ce bec , quoique assez épais , est d'une substance peu compacte, long, comprimé par les côtés, un peu convexe en dessus, d'abord presque droit , courbé très-sensiblement dans son dernier tiers , et terminé non en pointe , mais par un bout obtus. On n'y voit point d'échancrures , et les bords n'en sont que mousses et arrondis. La mandibule supérieure est sillonnée de deux cannelures (2) depuis son extrémité jusqu'à sa base , où l'on apperçoit les narines qui sont linéaires et placées dans ces mêmes cannelures. Enfin ce bec est en tout essentiellement conformé comme celui des autres numenius.

J'en puis dire autant de la langue que l'on apperçoit à peine au fond du gozier. Celle-ci est lisse , épaisse, cartilagineuse, ovale-obtuse , sagittée et frangée à sa base ; la couleur en est noirâtre.

---

(1) *Plutarch. moral. de Iside et Osiride ; et Symposiacon* , *lib.* 4.   [VIII]

(2) Non-seulement ces cannelures existent, quoiqu'en dise Buffon, mais elles sont très-profondes, et beaucoup plus que dans notre courlis.

Les yeux séparés du bec par un espace qui est toujours nud , ont leurs iris d'un brun un peu couleur de noisette.

Je sens que je suis entré dans des détails qui peuvent paroître superflus ; on en reconnoîtra la nécessité à mesure que nous avancerons ; mais il nous reste encore ici quelques considérations à exposer.

Il y a deux caractères spécifiques qui semblent d'abord appartenir exclusivement à l'ibis , et le distinguer essentiellement dans son genre naturel , je veux dire , le défaut de plumes sur la tête et le cou , et le prolongement des barbes de quelques-unes des pennes secondaires. Cependant on les retrouve dans des espèces voisines , mais étrangères à l'Egypte ; savoir , dans une espèce envoyée du Bengale au Muséum de Paris par le naturaliste Macé , et dans une autre du Cap de Bonne-Espérance, que j'ai jugée différente de la première sur les dessins de M. Levaillant, sans compter celle que M. Cuvier a confondue avec la nôtre , et que l'on présume venir du Sénégal. Il seroit trop long d'énumérer ici toutes les différences de couleur qui séparent ces trois numenius du vrai ibis. Il me suffira d'en remarquer quelques-unes relativement à l'espèce de M. Cuvier. 1°. Le plumage est d'un blanc sale ; 2°. les grandes pennes de l'aile sont terminées par du noir à reflets verds ; mais les plumes effilées m'ont paru uniquement d'un beau violet ; 3°. le dessous des ailes , leurs grandes couvertures antérieures , ainsi que les cuisses présentent une teinte rousse assez vive ; 4°. les pieds sont plutôt grisâtres que noirs.

Pour distinguer cette espèce , les ornithologistes pourroient employer le nom suivant : *numenius Cuvieri , capite et collo nudis , corpore albido , tectricibus anterioribus alarum femoribusque rufis , remigibus secundariis elongatis , violaceis.* Celui de l'ibis blanc seroit : *numenius ibis , capite colloque nudis , corpore candido , remigibus secundariis elongatis , ex nigro-viridi micantibus.*

Il existe d'ailleurs au Sénégal un autre numenius qui s'éloigne de tous les précédens par des caractères tranchés. Par exemple , la tête et le cou ne perdent jamais leurs plumes ; la peau nue des joues et du haut de la gorge est d'un rouge vif , etc. Cependant cette espèce , dont je dois la connoissance à M. Levaillant , n'en a pas moins , tout aussi bien que l'ibis , des pennes secondaires à barbes prolongées et effilées. Ce dernier attribut n'est donc point exclusif , comme le pense M. Cuvier ; il ne prouve donc point l'identité de son numenius avec l'ancien ibis blanc.

Les Egyptiens, dans leurs figures, ont-ils indiqué ce même attribut, ou tout autre, et en particulier, le dénuement de la tête et du cou ? Je prie seulement celui qui auroit quelque doute à cet égard, de jeter les yeux sur l'ouvrage de Caylus (1), et il se convaincra qu'ils les ont exprimés quelquefois avec une certaine précision, ce que Bruce ni moi n'avons pu faire, n'ayant eu à notre disposition que des jeunes. On a gravé dans cet ouvrage une tête d'ibis et un ibis complet ; les originaux en bronze en sont actuellement déposés au Cabinet des antiques, où chacun peut les voir. Il est certain que l'oiseau qui a servi de modèle pour la tête, n'avoit point de plumes en cet endroit ni sur le cou, puisqu'outre le poli de ce bronze on y distingue tous les plis de la peau et les trous auditifs externes. Le bec est parfaitement conforme à ce que j'en ai dit plus haut. Je n'observe ceci qu'en passant. Dans l'ibis complet qui est sous de plus petites dimensions, on a sur-tout bien représenté les plumes effilées qui enflent le croupion, en cachant presque la queue.

____

(1) Recueil d'antiquités égyptiennes, etc., tom. 1, pl. 10, n°. 4, pag. 58 et 59 ; et tom. 5, pl. 11, n°. 1, pag. 50. Consultez aussi les belles planches de M. Denon.

Quelque soin que l'on prenne, il est assez rare que dans les ibis embaumés l'on trouve de ces plumes qui soient très-remarquables par leur longueur et leur finesse ; ce qui témoigne peut-être qu'elles ne parviennent plus à cet état dans une extrême vieillesse.

§. IV.

L'Ibis blanc mange-t-il les serpens ?

De tout ce que j'ai dit ci-dessus , il résulte , je crois , un fait bien constant : c'est que l'ibis blanc des anciens est précisément notre numenius ibis. Je suppose qu'il ne reste dans l'esprit aucune incertitude sur ce sujet ; mais de cette première connoissance naît tout-à-coup un nouveau problême plus embarrassant que tout ce qui a précédé. Comment retrouver le plus redoutable ennemi des serpens dans un oiseau du genre numenius , dont la taille et la force sont médiocres , et les moyens d'attaque presque nuls ? M. Cuvier a très-bien reconnu cette difficulté ; « mais , ajoute-t-il , outre qu'une raison « de cette nature ne peut tenir contre des preuves « positives , telles que des descriptions , des fi- « gures et des momies ; outre que les serpens « dont les ibis délivroient l'Egypte , nous sont « représentés comme très-venimeux , mais non « pas comme très-grands , je puis répondre di- « rectement que les oiseaux momifiés , qui « avoient un bec absolument semblable à celui « de notre oiseau , étoient de vrais mangeurs

« de serpens; car j'ai trouvé dans une de leurs
« momies des débris non encore digérés de peau
« et d'écailles de serpens. » *Annales du Mus.
d'hist. nat.*, *cah. XX*, *p.* 152.

Comment, en effet, les Egyptiens auroient-
ils accordé un culte si extraordinaire aux ibis ?
Pourquoi les auroient-ils respectés et nourris
dans leurs cités, sculptés sur leurs temples,
embaumés après leur mort avec tant de soins,
si ces oiseaux ne les eussent pas délivrés des serpens ? Il falloit bien que les ibis fussent ophio-
phages, qu'ils le fussent plus qu'aucun oiseau
de proie, plus que les cigognes et les hérons,
auxquels on ne rendit jamais de tels honneurs.
Il falloit qu'ils le fussent, puisque le témoignage
unanime de l'antiquité nous l'atteste, et que
celui des observateurs modernes est venu le confirmer.

Ici, je réclame l'attention du lecteur. Si j'en-
treprends de détruire un ancien préjugé, qui
doit lui paroître une vérité démontrée pour tout
le monde, j'y suis obligé par la nature même
des faits qu'il me reste à traiter. C'est aussi dans
l'espoir que je ne serai pas jugé avant d'avoir
été lu.

J'ai décrit précédemment la forme du bec
et de la langue de l'ibis, en avouant déja qu'en
ce point je ne faisois qu'exposer ce qu'on pou-

voit dire de tout autre numenius , et cela sans
aucune exception. Toutes les espèces de ce genre
ont la langue si courte , qu'elle ne peut attirer
vers l'œsophage les alimens qui seroient saisis
par l'extrémité de leur long bec , et la courbure
de ce bec ne leur permet pas facilement de les y
faire glisser. Elles sont donc obligées de prendre
habituellement leur nourriture dans l'eau (1).
Quelquefois elles la lancent en l'air , pour, en ouvrant le bec , la recevoir au fond du gozier ; et
c'est ce qu'on a pu voir dans ces oiseaux appri-
voisés , et conservés quelque tems à l'état de domesticité (2). On sent que ce moyen ne seroit
pas le plus sûr et le plus facile de dévorer des
serpens. Les bords émoussés de leur bec ne pourroient les couper, sur-tout lorsqu'il agit si foible-
ment , qu'à peine font-ils impression sur le doigt.
Son extrémité ne pourroit les percer ; car, loin
d'être en pointe aigue , elle se dilate et s'arron-
dit ; et c'est une observation bien connue , que
les oiseaux de rivage à bec très-long , qui en ont
le bout ainsi conformé , l'ont en même tems
d'une sensibilité exquise , propre uniquement
à pénétrer dans la vase et à y choisir leurs ali-

---

(1) Mauduit , Encyclop. méthod. Ornith. , tom. 1 ,
pag. 645.

(2) *Id. ibid.*

mens ; d'où il résulte que ces oiseaux fréquentent , toute l'année, les terres basses et humides ,
et sont généralement vermivores.

Je le demande ; connoît-on un seul de ces
oiseaux qui ait l'habitude d'attaquer les serpens
ou des reptiles moins dangereux ? Mais , pour ne
pas trop étendre la question , bornons-nous à
examiner la nourriture des espèces du genre numenius , d'après ce qu'en ont écrit les observateurs. Gmélin nous apprend que les *tantalus
viridis et igneus* (1) prennent des petits poissons
et des insectes aquatiques. Margrave et Buffon
disent la même chose du courlis rouge de
Cayenne (2) , qui se tient le long des côtes,
pour recueillir les petits poissons , les coquillages et les insectes que la marée dépose sur
les sables. Le courlis blanc vient dans la saison
des pluies sur les terres basses et limoneuses de
la Caroline (3) , lesquelles fourmillent , dit-on ,
d'insectes et de vers. Il en est de même du courlis

---

(1) *S. G. Gmel. Itin.* , tom. 1 , pag. 166 *et* 167 ; *et
Nov. comm. Petrop.* 15 , *pag.* 460 , *tab.* 13 , *et pag.*
462 , *tab.* 19.

  (2) *Margr. Hist. nat. Bras.* , *lib.* 5 , *cap.* 8 , *pag.* 203.
    Buff. Hist. natur. Ois., tom. 8 , pag. 55.

  (3) Catesby, Hist. natur. de la Caroline, tom. 1 , pag. 82.
    Buff. Hist. natur. Ois. , tom. 8 , pag. 41.

brun à front rouge (1) ; et suivant Bartram (2), ces deux espèces , dans la Floride , vivent principalement de petits crabes. On prétend que le courlis des bois et l'acalot savent saisir dans l'eau les poissons dont ils se nourrissent (3). Enfin (4) l'on sait assez que les courlis communs ne se servent de leur bec que pour tirer les vers de la terre humide , ou ramasser sur les grèves de menus coquillages (5) , ce que je ne rappelle que parce que M. Cuvier les comprend aussi dans son genre *numenius* ; quoiqu'il y ait , ce me semble , d'assez bonnes raisons pour en faire un genre à part, si l'on n'aime mieux les laisser dans celui de la bécasse , où Linnée les a placés.

Des coquillages, des vers, de petits poissons , des insectes aquatiques, voilà la proie que pour-

----

(1) Catesby, Hist. natur. de la Carol. , tom. 1 , pag. 83.

(2) Voyage dans les parties du sud de l'Amérique septentrionale, édit. fr. tom. 1 , pag. 261 et 262.

(3) Buff. Hist. natur. Ois. , tom. 8 , pag. 43.
    System. natur., edit. Gmel. av. gen. 85, *n°.* 17 *et* 18.

(4) Je passe sous silence le *tantalus pillus* décrit par le seul Molina. Hist. natur. Chil. , pag. 215. Il n'est pas certain que cet oiseau soit un *numenius*.

(5) Voyez Buff. Hist. natur. Ois. , tom. 8 , pag. 19 et suiv.

suivent les *numenius* ; la seule qu'ils puissent vaincre (1) , et tout le fond réel de leur subsistance. Est-il vraisemblable que dans un genre naturel une espèce se soit soustraite , sans cause apparente , à la règle générale ? Que les facultés , les habitudes qui dépendent le plus évidemment de la configuration des organes , fussent différentes , et que cependant l'organisation fût la même ? Peut-on admettre légèrement une exception inexplicable , laquelle ne nous laissant plus juger des effets par les causes , ou réciproquement, romproit les rapports les mieux établis en histoire naturelle , et ruineroit la science par sa base (2).

En passant de l'examen des caractères extérieurs à celui des organes internes , j'ai observé dans l'ibis blanc la forme et la disposition de viscères communes aux chevaliers , aux courlis

----

(1) Un reptile peut se trouver dans un état qui le rende facilement la proie d'un courlis, d'une bécasse, ou de quelque autre oiseau plus foible encore. On sent bien que ce n'est pas de cela qu'il s'agit.

(2) J'exprime ce que je sens, comme je le sens.

Je n'ignore pas que M. Cuvier , dont je combats l'opinion , m'est supérieur à tous égards. Je le vénère et comme mon maître , et comme un des savans les plus illustres de ce siècle.

d'Europe , aux bécasses , etc. ; un ventricule musculeux très-épais, d'environ 0,095^m. (trois pouces et demi) de diamètre, occupe près des deux tiers de la capacité antérieure de l'abdomen. Le renflement qu'éprouve l'œsophage vers son insertion , est considérable et très-glanduleux. Les intestins forment une masse elliptique composée d'une double spirale, outre un premier repli qui borde le gésier ; ils ont un peu plus de 1,137^m. (trois pieds et demi) de longueur. Les cœcum au nombre de deux sont assez courts et obtus. J'omets d'autres détails anatomiques, qui seroient trop étrangers à la question.

Enfin j'arrive à des preuves de fait ; car ayant ouvert le gésier , pour voir ce que contenoit sa membrane intérieure , je l'ai trouvée uniquement remplie de coquillages univalves et fluviatiles , la plupart du genre des cyclostomes , et d'une espèce commune dans les canaux et dans les champs inondés. Souvent les coquilles n'avoient pas moins de 0,028^m. (un pouce) de diamètre ; et cependant lorsque les mollusques n'en avoient pas été digérées , elles étoient presque toutes entières. Je présume que l'oiseau les avale toujours ainsi , et que son bec n'auroit pas la force nécessaire pour les briser ; mais celle des muscles du ventricule est beaucoup plus que suffisante. L'observation m'a même appris que ,

parmi les oiseaux de rivage, les espèces qui ont un
ventricule robuste et très-musculeux, quand elles
seroient armées d'un bec propre à tuer les reptiles ou d'autres grands animaux , préfèrent les
coquillages à toute autre nourriture. J'en trouve
un exemple dans la grue ; et c'est un fait que
je puis attester , qu'aux mêmes lieux , et à la
même époque , le fort gésier de cet oiseau étoit
toujours plein de coquillages , tandis que l'estomac presque membraneux des hérons et de
la cigogne noire ne renfermoit que du poisson.

§. V.

De l'Ibis noir.

Il y a en Egypte un autre numenius qui s'y plaît autant que le précédent, qui même y habite en plus grand nombre. Cette seconde espèce, moins grande que la première, s'en distingue sur-tout par le défaut de blanc dans son plumage, et par les plumes dont le cou et la tête sont toujours bien revêtus. Tout le dessus du corps est d'un noir à reflets très-riches, verts et violets ; tout le dessous, d'un noir cendré qui jette aussi quelques reflets ; et ces deux couleurs sont à-peu-près telles qu'on les voit aux pennes effilées, et à l'extrémité des grandes pennes de l'aile du numenius ibis. Il arrive néanmoins que dans les vieux individus, le ventre et les cuisses prennent une teinte d'un marron foncé, qui s'étend quelquefois jusques sur la poitrine. Les plumes de la tête et de tout le cou sont noirâtres, frangées légèrement de blanchâtre, plus foncées sur le sommet de la tête et sur la nuque où il y a des reflets, prolongées à l'occiput. Le bec et les pieds ont exactement la même forme que dans le numenius ibis ; seulement ils sont moins épais ; ils paroissent noirs d'abord , mais ensuite on y distingue une couleur cendrée-olivâtre. Les pieds sont aussi proportionnellement plus longs et le bec un peu plus court. La langue plus petite est un peu lancéolée, très-obtuse. Les iris sont bruns. A cela près, les deux espèces se ressemblent à tous égards ; et l'unique différence que les Egyptiens mettent entre elles , et qu'on puisse y remarquer soi-même au premier coup d'œil , et lorsqu'on ne les regarde pas de très-près , c'est que la première est noire et blanche , et que la seconde semble entièrement noire (1).

Ces deux *numenius* sont dans leur genre les seules espèces qui arrivent régulièrement en Egypte à de certaines époques : celui de Belon , à tête , bec , et pieds rouges , s'y montre si rarement que l'on n'en a pas seulement la plus légère idée. Ce sont, à coup sûr , les seuls que les habitans actuels reconnoissent , les seuls qu'ils sachent désigner , qui en reçoivent des noms particuliers ; et durant tout le séjour de l'armée française , c'est-à-dire, dans le cours de plus de trois années , ni moi, ni personne que je sache , n'en a vu d'autres.

---

(1) *Hada attaïr asouad koullouhou*, disent les Arabes. Cet oiseau est tout noir.

Qu'on se souvienne, maintenant, que les anciens Egyptiens honoroient deux espèces d'ibis ; que la distinction essentielle établie par Hérodote entre ces oiseaux est également très-frappante entre les deux nôtres, et de plus celle que les Arabes y voient encore ; que l'ibis blanc étoit très-noir sur la tête, le col, l'extrémité des ailes et le croupion, tandis que l'ibis noir étoit par-tout très-noir ; expression que l'historien grec n'emploie sans doute que par opposition, et dans tous les cas, dont il s'est évidemment servi pour désigner un noir avec de riches reflets, et même un noir-cendré, puisque l'une et l'autre de ces couleurs existent dans le plumage de l'ibis blanc : qu'on se rappelle tout cela, et l'on sera forcé de convenir que notre seconde espèce de *numenius* est aussi l'ibis noir dont les anciens ont fait mention. Cette conclusion est de rigueur, à moins qu'on ne rejette tout ce que nous regardions comme prouvé précédemment, c'est-à-dire, qu'on n'admette plus que notre *numenius ibis* soit le vrai ibis blanc des anciens Egyptiens.

S'il me falloit ajouter une dernière preuve à ces diverses considérations, j'en choisirois une qui seule confirmeroit le sentiment que je viens d'avancer ; la voici : c'est que l'oiseau que je présente comme l'ibis noir, n'a pas perdu son ancien nom égyptien, celui de *Leheras*, ou *Ieheras*, qu'Aristote nous a conservé (1), et qui se retrouve pour ainsi dire sans altération dans le nom arabe *el hareiz* (2),

---

(1) Suivant Albert. *Lib.* 8, *de animal. tract.* 2, *cap.* 5; *et aliis locis.*   [IX]

(2) M. Belletête, que j'avois consulté sur l'identité de ces deux noms appliqués au même oiseau, a bien voulu me communiquer les observations suivantes.

« L'analogie de ces deux noms, *leheras* ou *ieheras* en « ancien égyptien, *hareiz* en arabe, est telle qu'il n'y a « aucun lieu de douter que le premier n'ait donné nais-« sance au second. Il est peu de mots, en effet, qui, « comme ce dernier, aient passé d'une langue dans une « autre avec des changemens aussi légers et qui réunissent « plus de conditions nécessaires à en constater l'origine. « C'est ce que les personnes versées dans la connoissance « des langues orientales reconnoîtront aisément avec moi; « mais pour faire passer cette conviction dans l'esprit des « autres lecteurs, il faut établir la démonstration de cette « proposition. »

« Le génie de la plupart des langues orientales et par-« ticulièrement de l'arabe, est de rapporter tous les mots « à une racine composée de trois lettres, que par cette « raison l'on appelle radicales. Ces trois lettres primitives, « et toujours consonnes, entrent essentiellement dans la « formation de tous les dérivés d'une même racine, qui « sont diversement modifiés soit par la mutation des « voyelles dont les radicales sont affectées, soit par l'ad-« dition d'une ou de plusieurs lettres. Quoique ce ne soit

(on prononce aussi *el hareis* , et même *el hereis*)

« pas un usage indispensable d'assujettir à cette règle
« tous les mots empruntés de langues étrangères , je
« pourrois donner une liste nombreuse de termes exotiques
« adaptés et façonnés en quelque sorte au joug de la
« grammaire arabe. Je n'en citerai qu'un seul exemple
« dont l'application puisse parfaitement convenir au nom
« qui est l'objet de cette note , par l'identité de décom-
« position. »

« Je choisirai le mot *iblis* , diable , bien évidemment dérivé
« du *diabolos* des Grecs , lequel a subi le retranchement
« de la première lettre *delta* (δ) , pour appartenir à
« la racine *ablasa* , quatrième conjugaison de *balasa* , non
« usité (radicales *b* , *l* , *s*) , et qui , à cette quatrième
« forme , signifie *desperare*. S'il venoit à l'esprit de quel-
« ques personnes de trouver dans ce mot une dépendance
« de sens immédiate de la racine, et de croire par con-
« séquent qu'il fût national , je leur ferois observer que
« les Arabes dénaturent d'autant plus les mots étrangers
« adoptés par eux, qu'ils rencontrent dans leur langue
« une racine dont le sens se rapproche plus de la signi-
« fication de ce mot. Je ne donnerai pas à cette expli-
« cation de plus longs développemens parce que ce seroit
« sortir de mon sujet. »

« Fidèles à leur système , les Arabes , en transportant
« dans leur langue le mot égyptien *leheras* ou *ieheras* ,
« ont donc dû le réduire à la forme primitive que leur
« grammaire leur prescrivoit. Pour y parvenir, il ne falloit
« que faire disparoître l'une des quatre consonnes qui
« entrent dans sa formation. Il semble d'abord que le
« hasard ou le caprice ont seuls disposé du sort de cette

que cet oiseau reçoit, à Menzalé, à Damiette,

« lettre, et que la première a été ainsi aveuglément sa-
« crifiée; mais il devient bientôt évident aux yeux des
« orientalistes qu'une indication raisonnée et appuyée
« sur les élémens de la grammaire arabe a conduit ces
« réformateurs à retrancher la première lettre, parce que,
« s'ils reconnoissoient que le mot égyptien se prononçoit
« *leheras*, le *lam* (*l*) qui le commence auroit été sujet
« à se confondre avec celui de leur article *al*; et s'ils
« adoptoient, au contraire, la prononciation de *ieheras*,
« ils auroient établi une anomalie de formation très-rare
« dans leur langue, en conservant pour radicale la lettre
« initiale *ya* (*i*). Cette opération faite, il n'est plus resté
« que les trois consonnes *h*, *r*, *s*, qui auroient pu pro-
« duire une racine nouvelle si elle n'avoit déja existé
« sous la forme *haraza* ou *harasa*, qui signifie *custodire*.
« Le rapprochement de cette signification avec les qua-
« lités qu'ils supposoient reconnues par les anciens Égyp-
« tiens dans l'oiseau appellé ibis a pu achever de déterminer
« leur choix. Mais continuant à faire, au mot qu'ils na-
« turalisoient l'application des règles de leur grammaire
« sur la formation des dérivés, il leur restoit à l'assimiler
« à la forme de nom qui lui étoit propre, et qui, à
« raison de l'idée attachée à la dénomination qu'ils lui
« donnoient, devoit être la forme du nom d'agent *hariz*
« ou *haris*, *custodiens*, le gardien; nom conforme à
« celui employé par les Arabes de nos jours, et qui ne
« diffère de l'ancien mot égyptien, comme je crois l'avoir
« prouvé, que parce qu'il a été assoupli au génie de la
« langue arabe. »

« Cette étymologie, quoique suffisamment démontrée,

à Rosette, et dans tout le Delta, des Egyptiens de nos jours.

« seroit peut-être encore plus satisfaisante si, comme il
« est naturel de le supposer quand les règles de l'écri-
« ture et de l'orthographe sont connues, l'on admettoit
« que par succession de tems un léger changement, a
« été introduit dans l'orthographe du mot *haris*, dans
« lequel la lettre *sin* auroit remplacé la lettre *tse* ; en effet
« l'affinité de prononciation entre ces deux lettres, est telle
« dans le plus grand nombre des dialectes de la langue
« arabe, que ces lettres se confondent de manière à ne
« plus être distinguées. Dans cette supposition la racine
« de ce mot seroit *haratsa*, dont la signification *arare*,
« en passant à la forme du nom d'agent, se diviseroit
« et offriroit à-la-fois les deux sens d'*agricola* et de
« *custos*, entre lesquels on pourroit choisir ou le dernier
« *custos*, dont j'ai déja établi les rapports avec les qua-
« lités de l'ibis, ou le premier *agricola*, qui, par là
« connexion des idées de culture et de fertilité que ce
« mot présente à l'imagination avec les opinions identiques
« que vous vous êtes formées sur les propriétés ancien-
« nement reconnues dans ce même oiseau, serviroit à
« fortifier votre système. » *Note adressée par M. Belle-
téte, membre de la Commission des sciences et arts, et
interprète du Gouvernement pour les langues orientales.*

J'ajoute à cette dissertation, qui n'aura pas été lue sans
intérêt, que les animaux naturels à l'Egypte, dont les
anciens noms nous sont connus, les ont toujours conservés ; à moins que ces mêmes noms n'aient été remplacés
par quelque épithète d'un sens populaire. C'est un fait
que je donne pour certain, et que la nomenclature que je
possède me fournira quelque jour l'occasion de prouver.

§. VI.

L'Ibis noir mange-t-il les serpens ?

Or Hérodote dit, en parlant des ibis noirs : *Ceux-là combattent contre les serpens* (1). Mais, à présent, il ne s'agit plus de discuter sur une espèce étrangère, dont les habitudes peuvent être ignorées, et ne seront mieux observées que difficilement. L'ibis noir est connu depuis longtems sous une autre dénomination (V. pl. 4); car c'est tout simplement le courlis d'Italie des naturalistes français, le *tantalus falcinellus* (2) du *Systema naturæ*, et l'oiseau auquel, au rapport de Gesner et d'Aldrovande,

---

(1) *Euterp.*, cap. 77 (Voyez note II.). Trad. de M. Larcher.

(2) *Syst. natur. av. gen.* 85, *n°. 2, edit. Gmel.*, pag. 648. Notez cependant que le caractère spécifique paroîtroit avoir été composé sur un individu d'une espèce différente. On pourroit y substituer celui-ci : *Numenius capite colloque pennis nigrantibus albido fimbriatis, corpore nigricante, suprà viridi et violaceo splendente.* Peut-être ne seroit-il pas moins convenable de rendre à cet oiseau son nom égyptien.

les Italiens donnent le nom de héron noir (1).
J'ai quelque doute que le courlis marron de
Brisson (2) doive être rapporté à la même
espèce ; je n'ai jamais rencontré en Égypte
cette prétendue variété; et je préviens , avant
tout , que c'est elle que Buffon a décrite sous
le nom de courlis d'Italie , dans son Histoire
naturelle des oiseaux (3).

L'ibis noir , comme on le voit , se trouve
non-seulement en Égypte , mais en Europe ,
par exemple , en Danemarck , en Allemagne ,
sur-tout en Italie , où il est de passage au printems , et où il arrive en grand nombre selon
Mauduit (4) qui nous a laissé le détail de ses

---

(1) *Italicè* , Ayron negro. *Gesn. hist. animal.* , *lib.* 3 ,
    de falcinello , *pag.* 215.

    Aldrov. Ornith. , *tom.* 3 , *lib.* 20 , *cap.* 20 , *de fal-*
    cinello , *pag.* 422.

    Nota. Les mêmes naturalistes avoient déja présumé
    que le *falcinellus* pourroit bien être l'ancien ibis
    des Egyptiens , mais ils n'avoient pas osé l'af-
    firmer.   [X]

(2) *Numenius castaneus : Briss. Ornith.* , *tom.* 5 , *pag.*
    329 , *n°.* 5.

    Marsigl. Voyag. du Danube , tom. 5 , pag. 40 ,
    tab. 18.

(3) Hist. natur. Ois. , tom. 8 , pag. 29 , pl. enlum. ,
n°. 819.

(4) Encycl. méth. Ornith. , tom. 1 , pag. 646.

couleurs, et ne nous a rien appris de ses habitudes. Cependant, je ne crois pas qu'il soit jamais venu à l'esprit d'un Européen, que cet oiseau fît sa proie des serpens; et lorsque j'affirme le contraire, je n'ai pas assurément la crainte d'être démenti par les naturalistes qui, s'occupant après moi du même sujet, pourront aisément juger de l'exactitude de ces premiers faits par leurs propres observations.

L'inspection anatomique m'a d'abord fait penser que l'ibis noir avoit pour les coquillages fluviatiles un goût presque aussi exclusif que l'ibis blanc; et cela m'a ensuite été démontré, puisqu'en effet, à l'exception de quelques débris de végétaux, il ne s'est trouvé rien autre chose dans le gésier de plus de vingt individus que j'ai successivement ouverts. Seulement l'oiseau choisit des coquillages assez menus, et de proportionnés à l'ouverture de son gosier; car, comme toutes ses formes extérieures sont sveltes, et n'ont pas autant d'ampleur que dans l'ibis blanc, ses organes intérieurs ont été rapetissés dans le même sens. L'œsophage est plus étroit, le gésier, quoique toujours très-musculeux, est moins épais, les intestins sont plus grèles, les cœcum plus déliés; mais ces légères différences n'empêchent pas que l'organisation, ainsi que les appétits ne soient essentiellement les mêmes dans les deux espèces.

C'est ainsi que, mettant à part les opinions qui devoient m'être étrangères, et libre de prévention, j'ai voulu commencer par ne consulter sur les ibis que ces oiseaux tels que les offre la nature ; et que, desirant connoître avec quelque certitude leurs alimens habituels et de choix, je les ai d'abord cherchés, non dans l'intérieur préparé des momies, ce qui peut-être eût causé quelque méprise, mais dans l'estomac des individus actuellement existans ; c'est un moyen qui n'a pu nous tromper.

Tout ce que j'ai dit à cet égard va prendre un nouveau développement dans le paragraphe qui suit.

§. VII.

*Observations plus détaillées sur les habitudes
des Ibis.*

Voici maintenant un fait que j'ose avancer :
Si les ibis ont été méconnus de tous les voyageurs
modernes dans cette même contrée, où, disoit-
on, ils font aux reptiles une guerre si avan-
tageuse à l'homme, c'est qu'on a voulu les retrouver au moyen de cet attribut, tandis que
les Egyptiens actuels sont loin de leur en soup-
çonner un semblable.

Et cet obstacle n'étoit pas facile à surmonter.
Les ibis ne s'arrêtent en Egypte que peu de tems ;
ils n'approchent pas du Caire, dont les environs
sont trop arides et trop fréquentés ; ils se tiennent
peu le long des eaux du fleuve ; pour les découvrir soi-même, il falloit, à l'époque de leur
arrivée, les chercher dans l'intérieur du pays,
où des voyageurs eussent souvent risqué leurs
jours, loin de pouvoir le parcourir en toute
liberté.

Aussi longtems que, pour obtenir sur les
ibis quelques renseignemens, j'insistois sur cette
habitude fameuse de dévorer les reptiles, il me

fut impossible d'être entendu, et je dus croire, comme tant d'autres, que ces oiseaux étoient pour l'Égypte des espèces perdues. Dans la suite, ayant imaginé d'en faire voir simplement une esquisse en indiquant les couleurs, les Egyptiens les reconnurent aussitôt, m'apprirent leurs noms arabes, la saison et les lieux où je pourrois en trouver ; mais ils ne surent ce que je voulus dire, dès que je parlois de serpens ; tous m'assurèrent que les oiseaux qui leur étoient connus, ne mangeoient que de petits poissons, des vers, des coquillages, quelquefois des graines, en un mot, qu'ils vivoient comme les *kerowân*. Cette comparaison leur appartient ; et elle est devenue d'autant plus remarquable pour moi, qu'alors j'ignorois que ces *kerowân* fussent les mêmes oiseaux que nos courlis d'Europe (1). Quelque réitérées, quelque précises qu'aient été mes questions, je n'ai jamais eu d'autre réponse. Voilà le sentiment général des habitans ; et il a bien fallu

______

(1) Hasselquist a fait mention du courlis commun sous le nom de *tringa* (*Ægyptiaca*) *longirostris, fusco albidoque variegata* ; et de notre ibis noir sous le nom de *tringa* (*autumnalis*) *longirostris, dorso abdomineque purpurascente. Iter. Palest.*, pars 2, class. 2, n°. 26 et 27.

l'adopter , lorsque l'occasion d'observer des ibis se fut enfin présentée.

Vers la fin du mois de fructidor de l'an 8 , comme je descendois le Nil pour me rendre à Rosette , j'apperçus les premiers ibis blancs ; néanmoins, je ne pus les suivre , m'en procurer et les examiner attentivement que plus de trois mois après , pendant un séjour que je fis dans les environs de Damiette et de Menzalé. On voyoit encore , à cette époque , quantité d'ibis noirs ; mais déja les blancs commençoient à devenir rares ; je ne les retrouvai même en certain nombre que près de Kafr-Abou-Said , sur la rive gauche du Nil , à 3,000 mètres de ce fleuve et à 20,000 de Damiette , dans de grandes inondations qui s'étendent jusqu'au lac Burlos , et qui produisent en hiver quelques prairies naturelles où les Arabes conduisent des troupeaux. Là , ces oiseaux ne se laissoient pas aisément atteindre ; car on ne parvenoit jusqu'à eux qu'après les avoir poursuivis à travers des marécages profonds, ou sur des plages de vases encore liquides et impraticables.

Leur chasse, cependant, occupoit quelques Arabes. Ces mêmes hommes qui ont en horreur tous les animaux carnaciers , indistinctement , ne réputent point l'ibis immonde , et ils en estiment la chair autant que celle

4

d'aucun oiseau. Ils en tuent peu au fusil ,
mais ils en prennent beaucoup au filet , de l'une
et de l'autre espèce , et , pendant l'automne ,
on trouve dans les marchés de la Basse Egypte ,
sur-tout dans celui de Damiette , quantité de
ces ibis auxquels on a retranché la tête. On
m'a souvent apporté l'ibis noir vivant , et une
seule fois l'ibis blanc. Ces oiseaux apparemment
fatigués m'ont alors paru tristes et peu disposés
à prendre de la nourriture. Ils se tenoient haut
sur jambes , le corps presque horisontal , le cou
fléchi , la tête inclinée , et ils dirigeoient celle-ci ,
tantôt à droite , tantôt à gauche , tantôt la por-
toient en avant , ou la ramenoient , en frappant
la terre du bout du bec. Quelquefois , ils ne posoient que sur une patte. Ils n'étoient que peu
sauvages ; ils ouvroient pourtant le bec , dès
qu'on en approchoit le doigt , comme pour se
défendre ; mais , ainsi que je l'ai dit , ce bec
est beaucoup trop foible pour pincer , et il l'est
sur-tout dans l'ibis noir.

L'ibis blanc va quelquefois isolément , quelquefois par petites troupes de huit à dix ; mais
le noir , qui est plus nombreux , va aussi par
troupes plus considérables , et ordinairement
composées de trente à quarante individus. Les
uns et les autres ont le vol puissant et élevé ;
aussi leurs muscles pectoraux sont-ils très-épais ;

ils volent, le cou et les pattes étendues horison-
talement, comme tous ceux du même genre ;
et de tems en tems, ils jettent tous ensemble
des cris bas et très-rauques, plus forts dans les
blancs que dans les noirs. Lorsqu'ils viennent
à s'abattre sur des terres nouvellement découvertes, on peut les observer des heures entières,
au même endroit, occupés sans cesse à fouiller
la fange avec leur bec ; ils se tiennent assez constamment pressés les uns contre les autres. On
ne les voit jamais comme nos courlis s'élancer
et courir avec rapidité ; mais ils vont toujours
pas à pas. Elien prétend que la démarche de
l'ibis ne peut se comparer qu'à celle d'une vierge
délicate, tant elle est lente et posée (1).

Les ibis sont aujourd'hui comptés parmi les
oiseaux qui ne nichent point en Egypte. Suivant
le rapport des habitans, les ibis blancs arrivent,
dès que le Nil commence à croître ; leur nombre
semble augmenter, comme les eaux du fleuve,
pour diminuer ensuite avec elles ; et l'on n'en
voit plus, lorsque l'inondation est passée. On
peut, d'après cela, fixer leur migration vers
les premiers jours de messidor, et c'est à-peu-
près le tems que Bruce indique pour leur arri-

---

(1) *Ælian. de animal. natur.*, lib. 2, cap. 38. [XI]

vée en Ethiopie (1). Il paroît que l'espèce sé-
journe en Egypte , environ sept mois, au moins
dans le Delta , car on en appercevoit encore
quelques individus à Kafr-Abou-Said , le 24 ni-
vôse (14 janvier). L'ibis noir s'y arrête peut-être
aussi longtems ; mais il n'y vient qu'après , et
s'en retourne plus tard.

On doit présumer que les ibis se portent
d'abord sur des parties basses, et qui se couvrent
d'eaux avant toutes les autres , et que c'est dans
l'intérieur du Delta qu'ils trouvent leur première
subsistance. Mais l'inondation faisant des progrès,
les eaux devenant plus profondes et s'étendant
chaque jour , les ibis sont obligés de refluer vers
des terres plus élevées ; ils se rapprochent alors
du Nil , viennent autour des villages , où ils se
posent dans les rizières , les luzernes , le long
des canaux , et sur les petites digues dont on en-
vironne la plupart des terreins cultivés. Lorsque
les eaux parvenues au terme de leur accroissement baissent ensuite et se retirent peu à peu ,
les ibis les suivent et ne s'éloignent de même
que lentement ; c'est le tems favorable pour en
prendre , et celui que les chasseurs préfèrent
pour leur tendre des filets , jusqu'à ce que ces

____

(1) Le 24 de juin. Voyag. aux sources du Nil, tom. 5,
pag. 202.

oiseaux abandonnent réellement l'Egypte ; car
ils disparoissent bientôt successivement, à l'exception de quelques-uns qui retournent au centre
du Delta, d'où ils partent néanmoins, quand
les eaux commencent à s'échauffer ou à s'altérer
par leur mélange avec celle des lacs.

Les habitans assurent encore que les ibis ne
fréquentent jamais les eaux salées. En effet, on
ne voit pas qu'ils approchent de la mer, ni
des eaux salées intérieures. J'en ai même inu-
tilement cherché sur les rives et dans tous les
islots du lac Menzalé, quoique les eaux de ce
lac recevant alors celles du Nil fussent à peine
saumâtres. Au reste, ce fait, qui ne présente point
une habitude exclusivement propre aux ibis dans
leur genre (1), s'accorde très-bien avec les observations de Bruce et avec un passage très-précis de
Strabon, qui place des ibis hors de l'Egypte près
d'un lac d'eau douce (2). On conçoit comment
ces oiseaux évitent toutes les eaux qui ne peuvent
contenir les coquillages dont ils paroissent faire
leur nourriture de choix. Nous savons que ces
coquillages sont fluviatiles. Ceux que les ibis
préfèrent en Egypte, sont des univalves de plu-

---

(1) Voyez Buff. Hist. natur. Ois., tom. 8, pag. 43. *Le
courlis des bois.*

(2) *Strab. Geograph.*, *lib.* 17. [XII]

sieurs genres , des planorbes , des ampullaires ,
des cyclostomes , etc. , qui se multiplient abon-
damment , mais uniquement dans les canaux
et dans toutes les eaux basses que le Nil
porte , répand et entretient quelque tems. Ceci
nous aide à entrevoir la raison qui éloigne les
ibis du courant même du fleuve où les eaux
sont profondes , où les coquillages sont rares
et généralement assez grands , et où l'on ne
trouve aucun des petits coquillages univalves
que je viens de nommer.

Voilà ce que j'ai recueilli de plus certain
sur les ibis, soit en les observant , soit en in-
terrogeant les Egyptiens ; et lorsque j'ai ras-
semblé ce peu de faits plus ou moins relatifs à
leurs habitudes pour les exposer à-la-fois , j'ai
voulu éviter toute indécision sur ce point , et
mettre , s'il étoit possible , le lecteur en état d'en
juger absolument , en lui soumettant d'abord
et sans restriction ce que j'en savois moi-même.
Je regarde à-présent ce qui étoit en question
comme prouvé ; ainsi quelque positif et unanime que soit le sentiment des auteurs qui m'ont
précédé , quels que soient les faits qui l'appuient,
j'en adopte un directement opposé , celui que
renferme la conclusion suivante :

*Les habitudes naturelles et toute l'organisa-
tion des ibis démontrent que ces oiseaux ne*

poursuivent, ne tuent, ni ne dévorent les ser-
pens, ce qui est aussi confirmé par l'analogie,
l'opinion bien prononcée des Egyptiens actuels,
et par les alimens trouvés dans l'estomac de
ces mêmes ibis.

§. VIII.

Des débris de serpens trouvés dans une momie d'Ibis.

Mais il y avoit dans une momie d'ibis des débris de peau et d'écailles de serpens? Cette objection est très-spécieuse, et je présume bien que
le lecteur ne l'a pas perdue de vue. On a trouvé des restes de serpens dans une momie d'ibis,
donc il falloit que les ibis vécussent autrefois
de serpens; et puis, comment douter qu'ils en
vivent aujourd'hui? Les serpens ne manquent
pas en Egypte, et en comparant l'ibis vivant aux
ibis embaumés, on ne voit point du tout pourquoi les facultés de cet oiseau seroient changées.
A tout cela, je pourrois opposer un principe
sur lequel, dans les sciences, toute certitude
est fondée : je dirois qu'un fait isolé, quelles
que soient les apparences d'ailleurs, ne peut
pas prouver ce que les autres rendent impossible,
ni réfuter ce qui existe nécessairement, et par
la nature connue des choses. Je demande seulement quels moyens l'on a eu d'apprécier ce
même fait? Par exemple, comment se trouvoient
placés les débris de serpens, et s'ils étoient

contenus dans quelque partie des intestins ? Cette dernière condition est indispensable , et , sans elle , il n'est pas démontré qu'on ait eu sous les yeux les alimens d'un ibis , loin qu'on puisse établir , contre toute analogie , que les ibis sont de *vrais mangeurs de serpens*. Je veux qu'on le suppose. De quoi s'agit-il donc ? d'expliquer cette simple supposition ; mais , sur ce point , la difficulté me paroît grande. Nous apprenons dans Hérodote , qu'on enlevoit les viscères (1) avant de procéder aux embaumemens ; et au sujet de l'ibis , ceci semble confirmé par Elien dans ce passage où il raconte que les embaumeurs attribuoient à ces oiseaux des intestins d'une excessive longueur (2). On sait encore mieux à quoi s'en tenir, quand on ouvre soi-même la momie d'un ibis , et pour en donner quelque idée , j'en place ici la description complette et telle que je l'ai prise sur une de ces momies conservée dans le riche cabinet de M. de Tersan.

On voyoit, en observant la disposition générale : 1°. les ailes dans leur situation naturelle ; 2°. le cou et la tête couchés sous l'aile gauche , le long du corps, le bec dépassant

(1) *Herodot. Hist. Euterp.*, cap. 86.

(2) *Ælian. de animal. natur.*, lib. 10 , cap. 29. [XIII]

la queue de plus de 0,027^m (un pouce) ; 3°. la cuisse fléchie sur le corps, la jambe sur la cuisse , le tarse et les doigts sur la jambe ; les genoux étoient engagés sous le sternum , ce qui avoit aidé à maintenir les membres dans leur état de flexion. En les écartant pour découvrir l'intérieur, on ne trouvoit rien qui eût appartenu aux viscères, ni à aucune des parties molles ; les os même , sans en excepter ceux des extrémités et de l'épine dorsale , n'offroient pas la plus légère trace de muscles ni de tendons , et se désarticuloient au moindre attouchement ; et cependant , plus on examinoit cet intérieur , et moins il paroissoit que le bitume qui avoit à peine altéré le plumage , y eût pénétré ; mais il étoit rempli d'une incroyable multitude de larves ou plutôt de nymphes de mouches , parmi lesquelles j'ai pu distinguer quelques mouches dorées, *musca Cœsar*, Lin. , des escarbots , des dermestes , des nécrobies , des sphéridies , des ontophages et un *scaurus* (1). Il y avoit de ces insectes engagés dans le bitume. Quand on venoit d'ailleurs à réfléchir qu'il n'existoit

---

(1) J'y ai de plus apperçu quatre ou cinq petits planorbes ; et dans la plupart des momies, on retrouve de semblables coquillages qui, par leur petitesse , ont pu s'échapper des intestins pendant la préparation.

aucune issue, aucune altération à l'extérieur de la momie, on sentoit qu'il étoit impossible que des légions d'insectes s'y fussent introduits depuis l'embaumement. Sans vouloir expliquer un fait semblable, je pense qu'il tient à l'art même, et au procédé qu'il indiquoit dans ce cas particulier pour enlever tout principe de corruption. Quoi qu'il en soit, on avoit enveloppé le corps de linges légèrement trempés dans un bitume blanchâtre et liquide, et ensuite de quantité d'autres bandelettes maintenues par divers tours de fils croisés avec beaucoup d'art. (Voyez planche 6). Il peut se faire que la préparation d'une momie soit moins ingénieuse : la plupart sont trop imprégnées de bitume, noircies, et sans consistance ; mais je puis bien assurer que dans aucune, je n'ai retrouvé de viscères (1), ni rien qui y ressemblât.

A quoi se reduit le fait réel de l'objection ? A des serpens, ou à des portions de serpens, déposés dans une momie d'ibis. On connoît déja de semblables aggrégations, et les momies qui, sous une enveloppe générale, présentent ainsi des animaux différens, ne sont

______

(1) Les exceptions ne sont pas impossibles, mais il faudroit alors s'expliquer clairement.

pas rares. J'observe même qu'il s'en trouve dans
les puits des oiseaux, aux plaines de Saccara,
d'où M. Olivier a rapporté la plus curieuse
que j'aie vue en ce genre : l'extérieur n'étoit pas
distingué des momies d'ibis ordinaires ; mais
dans l'intérieur, c'étoient, parmi des coquilles
d'œufs d'ibis, de petits quadrupèdes, d'espèces
diverses, les uns entiers, les autres incom-
plets, et dont on n'avoit évidemment recueilli
que les débris. Le respect des Egyptiens pour
leurs animaux sacrés étoit tel, qu'ils n'eussent
pas manqué d'embaumer les cadavres infects
de ceux qu'on ne rencontroit que déja tombés
en putréfaction ou à demi dévorés. C'est peut-
être là l'origine de ces réunions ; peut-être
dépendoient-elles de motifs religieux : quels
que soient ceux qu'on leur suppose, il est
essentiel de rappeler ici que plusieurs espèces
de serpens étoient comptées parmi les animaux
sacrés (1), qu'on les embaumoit tout aussi bien
que les ibis, et qu'on découvre encore, en

---

(1) *Herodot. Hist. Euterp.*, cap. 65 et 74.
 Cicer. Tuscul. quæst., lib. 5.
 Ælian. de anim. natur., lib. 10, cap. 31, et lib.
  17, cap. 5.
 Joseph. Antiq. judaic., lib. 2.
 Pier. Comm. hieroglyph., lib. 14, 15 et 16.

fouillant les grottes taillées dans les montagnes de Thèbes, une assez grande quantité de ces momies de serpens.

La conclusion que j'ai donnée précédemment demeure donc conçue dans les mêmes termes, c'est-à-dire, telle que j'ai cru la voir à la suite d'un ensemble de faits pris dans la nature, et dérivés de l'observation.

NOTES

DE LA PREMIÈRE SECTION.

[I] *Arabiœ quidem deserta prœter ceteræs feras, volucres etiam alunt quas slymphalidas nuncupant... Gruibus illæ quidem sunt magnitudine pares, forma ibibus persimiles; rostra tamen et validiora, neque ut ibes adunca habent.* Pausan. Græc. descript. pag. 640 et 641.

Sed (ibis) non est ciconia : quia rostrum longum quidem sed aduncum habet. Albert. oper., tom. 6, pag. 640.

Mentiuntur planè qui dicunt ibides esse ciconias, nisi fortè dicant genus esse ciconiarum in orbe nostro ignotum ; nam ibides dicit Plinius habere rostrum aduncum, quod utique de ciconiis nostris falsum est. Ex libro nat. rerum. Vincent. Burgund. Biblioth. mund. tom. 1, lib. 17. cap. 72, p. 1212.

Voyez la note suivante.

[II] *Ejus avis (ibidis) species talis est : nigra tota vehementer est, cruribus instar gruis, rostro maximum in modum adunco , eadem qua crex magnitudine. Et hæc quidem species est nigrarum quæ cum serpentibus pugnant. At earum quæ antè pedes hominibus versantur magis (nam duplices ibides sunt) , nudum caput ac totum collum , pennæ candidæ , præter caput cervicemque , et extrema alarum et natium : hæc omnia quæ dixi sunt vehementer nigra ; crura vero et rostrum alteri consentanea.* Herodot. Hist. , pag. 116.

Ibes Ægypti duplici genere distinguuntur : sunt enim aliæ candidæ, aliæ nigræ. Aristot. oper. , tom. 2 , pag. 428.

Ibis avis est quæ in Ægypto juxtà Nilum est varia , in Æthiopia vero est nigra. Albert. oper. , tom. 6 , pag. 640. — *Avis autem ægyptia , quæ ab incolis Ægypti secundum Aristotelem* ieheras..... *vocatur , et habet duos modos , et unus illorum est albus , et alius est niger, etc.* Id. , tom. 6 , pag. 255.

Voyez les notes IV , V et VI de la seconde section.

[III] Voyez la note VII de la seconde section.

[IV] *Ibis magnitudine et figura ciconiæ persimilis.* Strab. Geograph. , pag. 823.

[V] *Est autem (ibis) avis magna , in multis*

ciconiæ naturam imitans. Albert. oper. , tom. 6, pag. 640.

Ciconiis , atque gruibus ea regio non est destituta , quæ..... in Ægyptum volant , serpentesque occidunt , ciconiæ præsertim : undè apud eas gentes vel etiam nunc in magno honore habentur , non minus quam et ibis vocata avis , quæ et ipsa serpentes oppugnat , hæcque tota nigra est, gruinis cruribus, rostro adunco , ciconiæ magnitudine atque figura. Altera vero est , non ex toto nigra..... (ut et Herodotus expressit) , etc. Prosp. Alpin. Hist. Ægypt. natur. , pag. 199.

Tout ce qui compose ce passage a été emprunté d'Hérodote et de Strabon.

[VI] « Hérodote a entendu la cigogne spéci-
« fiant l'ibis blanc. — Il a esté deffendu en
« Thessalie, sur peine de la teste , et estre
« puny comme homicide de ne tuer les ci-
« gognes , d'autant qu'elles déliurent les ha-
« bitants des serpents. C'est la mesme raison
« pourquoy les Egyptiens les ont en si grande
« recommendation. » *Belon. De la nat. des oys. , pag.* 201 *et* 202.

[VII] *Et nigrarum pennarum (ibidis) cum albis mixtio et confectio , lunæ utrinque gib-*

bosæ formam habet. Plutarch. oper. moral. tom. 2, pag. 381.

[VIII] *Ad hæc diductis pedibus et rostro cum his comparato, triangulum æqualium omnium laterum efficit.* Plutarch. oper. moral., tom. 2, pag. 581. — *Ibis quoque pedum diductionem, eorum inter se et cum rostro comparatione triangulum repræsentat æquilaterum.* Id., tom. 2, pag. 670.

[IX] *Avis (inquit Albertus, de ibide sentiens) quæ ab Ægyptiis secundùm Aristotelem* leheras *(alias,* ieheras *) dicitur, secundùm Avicennam* Caseuz *vocatur.* Gesn. Hist. animal., lib. 3, pag. 546.

Voyez ci-devant la note [II].

[X] *Inter omnes quidem quas mihi videre contigit aves, nulla magis ad ibidem mihi accedere videtur ; sed color obstat, quo minus ibis existimari possit.* Gesn. Hist. animal., lib. 3, de falcinello, pag. 215. — *Ibidi forte cognata est avis quam Itali* falcinellum *vocitant : mox post ardeas nobis descripta : cui rostrum longum et aduncum, id est modice arcus aut falcis instar, inflexum : color pennarum subviridis.* Id., lib. 3, pag. 546.

Habent rostrum ibides aduncum , hoc est arcuatum ; quare ibidi forte cognata fuerit avis , quam nos falcinellum *a rustico illo instrumento , quo vites putantur , vocamus.* Aldrov. Ornith. , tom. 3 , lib. 20 , cap. 5 , pag. 312.

[XI] *Graditur autem tardo gradu , et instar virginis ; nec eam ocyus quispiam ingredi videat , quam pedetentim.* Ælian. oper. , pag. 42.

[XII] *In hac ora , usque ad Pytholai promontoria , sunt duo ingentes lacus ; alter aquæ salsæ , quem mare dicunt ; alter dulcis qui hippopotamos alit , et crocodilos ; circa labra autem papyrum gignit : ibes etiam in hoc loco conspiciuntur.* Strab. Geograph. , pag. 532.

[XIII] *Dicunt præterea , quod mihi non facile persuadent , eos qui præparandis ut inveterentur (vel ad reservandum condiantur) bestiarum cadaveribus præsunt , ibidis intestinum nonaginta sex cubitorum esse affirmare.* Ælian. oper. , pag. 220.

SECONDE SECTION.

§. PREMIER.

Premiers motifs du culte de l'Ibis.

Quoique les idées superstitieuses qui ont amené le culte des animaux, découlent, à mon avis, d'une source commune, je ne me livrerai point, au sujet de l'ibis, à des considérations aussi générales. Je ne demanderai point, si, me reportant à l'institution des sociétés, je ne découvrirois pas dans ce seul acte, les traces d'un sentiment profond de foiblesse qui exagéreroit à l'homme la puissance de tout ce qui ne seroit pas lui, et par un mouvement involontaire, l'y assujettiroit sans cesse. Il s'agit encore moins d'examiner comment les préjugés ne seroient venus qu'après la science et les loix, et comment les erreurs d'un culte insensé devroient leur existence, plutôt que leur maintien, à la prétendue sagesse des législateurs. Ces questions et d'autres semblables nous meneroient trop loin. Qu'il me suffise de faire remarquer que, vraisemblablement, ce seroit aux passions qu'il faudroit tout rapporter en dernière analyse, et que l'ibis n'a jamais pu les exciter que comme un être innocent ou bienfaisant.

Mais, pourquoi les avoit-il en effet excitées? Je sais que l'on croit expliquer tant de bienveillance et de respect pour l'ibis, si l'on admet, avec les anciens, que cet oiseau, s'opposant aux serpens, sauvoit l'Egypte de sa ruine. Cependant, avouons-le, il ne seroit pas facile, à qui balanceroit les preuves pour et contre, de se bien persuader que l'Egypte ait jamais eu besoin d'une pareille protection. J'accorderois à l'ibis un instinct qu'il n'a, ni ne peut avoir, qu'on n'en seroit pas plus avancé. N'anticipons point sur la série des faits que nous aurons à discuter ; mais, sans compliquer ici la question, tâchons premièrement d'en juger d'après les notions que nous avons acquises, et d'après des circonstances où l'histoire semble d'accord avec la nature.

Je remarque d'abord dans l'ibis un oiseau propre à hanter les rivages, obligé, par sa conformation, de chercher dans leurs vases toute sa subsistance, retenu par ses goûts particuliers dans le voisinage des eaux douces et stagnantes, et qui ne se rencontre nulle part ailleurs.

Je le vois, attiré par les épanchemens d'un grand fleuve, paroître en Egypte, à la crue des eaux, se porter de tous côtés sur les terres qu'elles inondent, ne se retirer que lorsque les campagnes depuis longtems fertilisées sont couvertes de végétation.

Je le vois, dans la suite, former des troupes plus nombreuses, se multiplier, pour ainsi dire, par des travaux qui répandent au loin les eaux et les moissons, s'y associer, et prolonger peu à peu son séjour sur les bords de nouveaux lacs devenus intarissables.

Bientôt après, je le vois, se confiant à la sécurité dont il jouit, s'avancer jusques dans l'enceinte des villes, s'y arrêter le long des canaux et des réservoirs qui lui fournissent une nourriture suffisante, s'y habituer de lui-même, s'apprivoiser au point de n'en plus sortir, et de s'y propager dans un véritable état de domesticité.

Je vois de plus que l'ibis est un oiseau qui tient le milieu entre ceux de grande et de petite taille; que c'est un oiseau caressant, aimable, et de mœurs innocentes (1); un oiseau

_____

(1) *Strab. Geogr.*, *lib.* 17.

Flavii Joseph. Antiquit. judaic., *lib.* 2, *cap.* 10.

dont les formes ne sont pas sans agrément , ni le plumage sans éclat.

Maintenant, si je considère les autres oiseaux de l'Egypte sous le même point de vue , je ne suis plus surpris que l'ibis en ait été particulièrement distingué , car je n'en trouve aucun qui me montre une égale réunion d'attributs intéressans , aucun dont les habitudes eussent jamais déterminé des relations semblables par la nature de leurs convenances avec l'état physique du pays. Cela posé , voici comment je raisonne : *au milieu de l'aridité et de la contagion , fléaux qui de tous tems furent redoutables aux Egyptiens, ceux-ci s'étant apperçus qu'une terre rendue féconde et salubre par des eaux douces étoit incontinent habitée par l'ibis , de sorte que la présence de l'une indiquoit toujours celle de l'autre (autant que si ces deux choses fussent inséparables) leur crurent une existence simultanée , et supposèrent entre elles des rapports surnaturels et secrets. Cette idée se liant intimément au phénomène général duquel dépendoit leur conservation , je veux dire , aux épanchemens périodiques du fleuve , fut le premier motif de leur vénération pour l'ibis , et devint*

Ammian. Marcellin. , rer. gestar. , lib. 22, cap. 15. [I]

le fondement de tous les hommages qui cons-
tituèrent ensuite le culte de cet oiseau. Je préviens que c'est une conjecture que je couvertis
en proposition, et ce qu'il s'agit de démontrer.

Ici, la nature est muette. Si nous desirons
des preuves, c'est à l'histoire seule de nous les
fournir. Essayons de l'interroger; et sans nous
dissimuler les difficultés de la tâche que ceci
nous impose, commençons par les faits qui
semblent nous contredire directement. Peut-
être qu'en les examinant de très-près, et remon-
tant à leur origine, ils nous ramèneront à cette
même proposition qu'ils devoient écarter. Nous
passerons ensuite à d'autres faits, afin d'obtenir,
s'il est possible, des preuves plus immédiates,
et qui servent en quelque sorte de sanction aux
premières.

Cependant, que le lecteur qui seroit fâché
de perdre son tems, pèse bien les conséquences,
à mesure qu'elles se présentent, car toutes mes
idées se tiennent, et s'il en rejette une seule,
il lui est inutile d'aller plus loin.

§. II.

Des combats que les Ibis livroient aux serpens.

J'ai dit plus haut : quand j'accorderois que l'ibis est ophiophage , et qu'à ce titre il a pu mériter la reconnoissance des Egyptiens , s'il s'agissoit de le démontrer par le raisonnement , on en seroit fort en peine. Les ibis , si l'on veut , tueront des milliers de serpens ; mais encore faut-il voir comment cela se passoit autrefois. Ecoutons celui qui nous l'a raconté le premier.

« Il y a dans l'Arabie , assez près de la ville
« de Buto , un lieu où je me rendis pour m'in-
« former des serpens ailés. Je vis , à mon arri-
« vée , une quantité prodigieuse d'os et d'épines
« du dos de ces serpens. Il y en avoit des tas
« épars de tous les côtés , de grands , de moyens ,
« de petits. Le lieu où sont ces os amoncelés
« se trouve à l'endroit où une gorge resserrée
« entre des montagnes débouche dans une vaste
« plaine qui touche à celle de l'Egypte. On dit
« que ces serpens ailés volent d'Arabie en Egypte
« dès le commencement du printems , mais que
« les ibis allant à leur rencontre , à l'endroit
« où ce défilé aboutit à la plaine , les empêchent

« de passer , et les tuent. Les Arabes assurent
« que c'est en reconnoissance de ce service ,
« que les Egyptiens ont une grande vénération
« pour l'ibis ; et les Egyptiens conviennent eux-
« mêmes que c'est la raison pour laquelle ils
« honorent ces oiseaux (1). » Plus bas , Hérodote
ajoute : « Le serpent volant ressemble , pour la
« figure , aux serpens aquatiques ; ses ailes ne
« sont point garnies de plumes ; elles sont en-
« tièrement semblables à celles de la chauve-
« souris (2). » *Traduct. de M. Larcher.*

Je ferai sur cette narration d'Hérodote quelques remarques pour déterminer d'abord le
degré d'attention qu'on doit y donner , car les
modernes ont toujours glissé dessus très-légè-
rement.

Premièrement , le fait qu'elle nous apprend ,
a toute l'authenticité que comporte un fait histo-
rique. Il nous est transmis par un témoin oculaire , et n'est démenti par qui que ce soit , tandis
qu'il est confirmé par des relations ultérieures.
J'ajoute que ce témoin oculaire est pour nous
d'autant plus digne de foi, qu'il a déja fait
preuve d'exactitude par des descriptions telles ,

____

(1) *Herodot. Hist. Euterp.* , cap. 75. [II]
(2) *Herodot. Hist. Euterp.* , cap. 76. [III]

qu'aucun ancien ne nous en eût fourni de semblables.

Secondement, on ne trouve dans Hérodote
de relatif à la question que le fait dont il s'agit,
lequel, dans l'histoire des ibis, a précédé tous
les autres faits : il est donc essentiel, avant
tout, d'en bien juger, parce qu'il en faudra cal-
culer l'influence sur ce qu'on a dit depuis.

En troisième lieu, ce même fait est le seul
où l'instinct de tuer les serpens soit attribué à
l'ibis, d'une manière motivée et appuyée de circonstances détaillées et précises.

Quatrièmement, j'observe enfin qu'on ne peut
s'empêcher de regarder le combat des ibis contre
les serpens ailés comme un fait accrédité chez
les anciens Égyptiens, puisque, quand bien
même on prouveroit qu'il est supposé, et que,
par conséquent, Hérodote s'est mal-à-propos
mis en scène, on ne sauroit lui concevoir de
motifs assez puissans pour qu'il eût inventé froi-
dement une fable semblable, sans redouter la
honte pénible d'être convaincu de mensonge
aux yeux de ses contemporains.

Malgré l'intérêt et l'air de vérité qui régnoient
dans tout son récit, il ne paroît pas qu'il ait
inspiré grande confiance aux Grecs. Au moins
est-il certain que leur premier naturaliste a passé
sous silence l'antipathie des ibis pour les ser-

pens , et, à plus forte raison , leurs combats, qu'il
aura sans doute considérés comme de pures fictions; car les voyages d'Hérodote étoient alors
très-célèbres , et d'ailleurs M. Camus (1) prouve
très-bien qu'Aristote y a puisé , relativement à
l'ibis , tout ce qu'il en a mis dans son Histoire
des animaux ; mais au lieu de faire combattre
les ibis noirs à Buto, il s'est contenté de les y
établir , ou plutôt, il les a placés dans le canton
de l'Egypte le plus voisin de Buto : « les ibis
« blancs, dit-il, se trouvent dans toute l'Egypte,
« excepté à Peluse , et les noirs ne se trouvent
« au contraire qu'à Peluse (2). » *Traduct. de
M. Camus.* Cette assertion répétée par Pline (3)
et par Solin (4) n'a pas eu de fondement plus
réel.

Cependant quelques anciens , depuis Hérodote , nous ont laissé des relations plus ou
moins conformes à la sienne. Je vais les exposer en suivant l'ordre chronologique , afin qu'il
soit aisé d'en apprécier les différences , et de

----

(1) Notes sur l'Histoire des animaux d'Aristote, pag.
446 et 447.

(2) *Aristot. Hist. animal.*, *lib.* 9 , *cap.* 35. XXVII.
   [IV]

(3) *Plin. Hist. natur.*, *lib.* 10 , *cap.* 30. XLV. [V]
(4) *Solin. Polyhist.*, *cap.* 35 [VI]

fixer à mesure ce qu'on peut accorder d'importance à chacune.

CICÉRON. « Les ibis sont de grands oi-
« seaux qui , comme ils ont les jambes fortes ,
« et un long bec de corne , tuent quantité de
« serpens. Par-là , ils sauvent à l'Egypte des
« maladies contagieuses , en tuant et mangeant
« ces serpens volans , que le vent d'Afrique y
« porte des déserts de la Lybie ; ce qui fait que
« ces serpens ne font de mal , ni par leur mor-
« sure , quand ils sont en vie, ni par leur in-
« fection après leur mort (1). » *Traduct. de
l'abbé d'Olivet , tom.* 1 , *p.* 125.

Ce n'étoit donc pas uniquement de l'Arabie ,
mais encore de la Lybie que sortoient les serpens
ailés. Il en résulte qu'Hérodote voulant nous
instruire de ce qui se passoit à Buto , a réduit
à ce fait particulier un fait plus général, à moins
que Cicéron ne fût mal informé , supposition
peu vraisemblable , quand on se rappelle et son
caractère , et les communications qui existoient
de son tems entre l'Egypte et Rome. Un point
curieux de ce passage explique pourquoi les
migrations étoient constantes , périodiques , et
se faisoient au printems ; c'est qu'elles étoient
causées par les vents du sud qui souflent dans

---

(1) *Cicer. de Natur. Deor.*, *lib.* 1. [VII]

cette saison avec impétuosité. Tout le reste ne me paroît que le produit des réflexions de l'auteur.

MELA. « De tous les serpens de l'Arabie, « ceux qu'il importe le plus de faire connoître, « sont très-petits et d'un venin qui tue sur-le- « champ. On raconte qu'ils s'échappent en cer- « tain tems de l'année de la vase épaissie des « marécages, et que volant en grande troupe « vers l'Egypte, ils rencontrent sur ses fron- « tières des oiseaux appelés ibis, qui les re- « çoivent en ennemis, les combattent et les dé- « truisent (1). »

Deux savans commentateurs, le père Hardouin (2) et M. Larcher (3) sont d'avis que Mela n'a fait qu'altérer arbitrairement le récit d'Hérodote, pour l'introduire dans son texte. Ce jugement repose sur une simple conjecture ; mais je n'ai rien à y opposer.

J'observe que quelque petits que fussent les serpens volans, il y a grande apparence qu'ils ne l'étoient pas au point que les ibis pussent les avaler entiers, puisque, au témoignage d'Hé-

______

(1) *Pompon. Mela. de sit. orb.*, *lib.* 3, *cap.* 9. [VIII]

(2) *Plin. Hist. natur. interpret.*, *tom.* 1, *pag.* 559, *lib.* 10, *sect. XL*, *not.* 1.

(3) Histoire d'Hérodote, *tom.* 2, note 250, *pag.* 304 et 305.

rodote, leurs ossemens restoient amoncelés à l'entrée du défilé de Buto.

SOLIN. « Les ibis ne se rendent pas utiles « seulement dans l'intérieur de l'Egypte; car « lorsque les marais de l'Arabie produisent « des essaims de serpens ailés, dont le venin « est si prompt que leur morsure a donné la « mort, plutôt qu'on a senti la douleur; ces oi- « seaux émus par un instinct particulier, s'en « vont tous au combat, et avant que des maux « étrangers à leur patrie en aient ravagé les li- « mites, ils devancent dans les airs les bandes « venimeuses, ils y dévorent toute la troupe : « pour ce bienfait ils sont sacrés et respec- « tés (1). »

Les expressions dont Solin se sert pour peindre toute l'activité du venin des serpens ailés, sont encore employées mot pour mot par Isidore (2).

ELIEN. « Les ibis noirs combattant pour la « terre dont ils sont les alliés, ne permettent pas « aux légions pestifères des serpens volans de « passer de l'Arabie sur les confins de l'Egypte. « Les autres ibis tuent les serpens que les al- « luvions du Nil y attirent de l'Ethiopie, allant

(1) *Solin. Polyhist.*, cap. 35. [IX]
(2) *Isidor. hispal. etimolog.*, lib. 12, cap. 4, n°. 26. [X]

« d'abord au devant de leurs tentatives ; voilà
« ce qui empêche les Egyptiens de périr par
« l'arrivée des serpens (1). »

Le texte d'Elien rapproche évidemment la narration d'Hérodote de celle de Cicéron , et confirme pleinement ce que la dernière nous avoit fait pressentir. Il est vrai qu'Elien ne désigne pas la même région de l'Afrique ; et j'en trouve le motif dans Aristote , qui place des serpens ailés en Éthiopie , sans toutefois en garantir l'existence (2) , ce qui n'en démontre pas moins que c'est une opinion de la plus haute antiquité.

Des auteurs plus modernes , tels qu'Albert , ont admis , à l'exemple d'Elien , que les serpens ailés de l'Arabie arrivoient encore par l'Ethiopie (3).

Ainsi les serpens fondoient sur l'Egypte de l'Arabie , de l'Ethiopie, de la Lybie , ou plutôt de tous les déserts d'où les vents du midi (4) pouvoient les chasser ; les ibis avoient à combattre de toutes parts.

Le poète Philé , connu pour avoir mis en

---

(1) *Ælian. de animal. natur. , lib.* 2 *, cap.* 28. [XI]
(2) *Aristot. Hist. animal., lib.* 1 *, cap.* 5. [XII]
(3) *Albert. magn. de animal., lib.* 23, *cap.* 24. [XIII]
(4) *Khramsin* en arabe. Sud-est, sud et sud-ouest.

vers la prose d'Elien , substitue du côté de l'Afrique les scorpions aux serpens (1).

AMMIEN MARCELLIN. « Les ibis volent « au-devant des serpens ailés et venimeux qui « viennent en foule des marais de l'Arabie ; « ils les attaquent dans l'air , et avant que ces « serpens sortent de leurs frontières , ils en « triomphent , et ils les dévorent (2). » (*Trad. de Lyon*, 1778).

Ce passage n'est qu'un extrait de celui de Solin.

Je n'ai pas encore cité Pline , qui nous a dépeint le fait dont il s'agit , suivant sa manière d'abréger , et en ce peu de paroles : « Les Egyptiens invoquent leurs ibis contre « l'incursion des serpens (3). » *Traduct.* de *M. Guéroult.*

Nous avons à présent du même fait la connoissance la plus complette que l'histoire puisse nous en donner.

---

(1) *Phile , lib. de propriet. animal. , cap.* 16 *de ibi. vers.* 11 — 13. [XIV]

(2) *Ammian. Marcellin. rer. gestar. lib.* 22 , *cap.* 15. [XV]

(3) *Plin. Hist. natur. , lib.* 10 , *cap.* 28. XL. [XVI]

§. III.

Ce que c'étoit que les serpens ailés, et comment les Ibis les combattoient.

Suivant les citations précédentes, les serpens *voloient* vers l'Egypte, et les Egyptiens étoient à deux doigts de leur perte; mais les ibis voloient à leur tour au-devant des serpens, et les défaisoient, pour ainsi dire, en bataille rangée. On voit bien qu'il n'est pas question d'un fait où tout se passe selon les règles communes, et qu'on doive recevoir aujourd'hui sans examen. On ne peut pas davantage rejeter toutes les circonstances dont ce fait se compose, hors un point, celui de l'extrême activité des ibis pour la destruction des reptiles venimeux. Ce seroit là, comme on dit, trancher le nœud et non le délier.

D'abord, c'étoient des serpens ailés que les ibis combattoient. Il est vrai que depuis long-tems les naturalistes sont désabusés sur l'existence de ces sortes de serpens; mais il n'en est pas ainsi de quelques personnes très-instruites d'ailleurs, à en juger au moins par M. Larcher, qui blâme beaucoup ceux qui ne sont point de son avis, et cherche de plus à les convaincre

qu'ils ont *tort* (1). Il faut donc , indépendamment des raisons d'analogie que chacun peut
trouver soi-même , en apporter de plus di-
retes. En voici deux qui me paroissent con-
cluantes.

La première est que le serpent ailé n'est dans
aucune collection de l'Europe ; qu'on ne l'a jamais rapporté d'aucune contrée ; que les Egyptiens n'ont pas d'idée de ce fléau si redoutable ;
qu'il est également inconnu dans l'Arabie ,
l'Ethiopie , l'ancienne Lybie ; que dans toute
cette vaste étendue de pays , aucun voyageur
moderne , digne de foi , n'en a rencontré les
troupes nombreuses ; qu'aucun n'en a même
entendu parler , qu'aucun n'en a vu ni décrit
un seul ; j'en excepte Belon , qui prétend donner la figure de la momie d'un de ces reptiles ;
mais je renvoie tout lecteur de bon sens à l'ouvrage même de Belon (2) , et à cette absurde
image ; ainsi le serpent le plus extraordinaire
n'est distingué nulle part ; nulle part on ne
craint le plus inévitable , le plus venimeux de
tous. Que conclure , sinon que c'est un animal
qui n'a jamais existé que dans l'imagination des

______

(1) Histoire d'Hérodote , tom. 2 , note 249, pag. 235.

(2) Observations de plusieurs singularités , livre 2 , ch. 70.

anciens ; à moins qu'on ne veuille soutenir sans raison ni vraisemblance, que, depuis quelques siècles, l'espèce s'en est perdue, tous les individus ayant péri, soit par quelque révolution ignorée, soit même par les attaques réitérées des ibis.

Ma seconde preuve est le complément. On sait combien l'ibis fut souvent employé dans les emblêmes. On sait de quel usage plus fréquent encore y furent plusieurs espèces de serpens. Les prêtres y faisoient entrer tous les animaux qui jouoient quelque rôle dans leur religion. Ils y eussent donc admis le serpent ailé. Or, je ne crois pas que personne l'ait remarqué sur les antiquités égyptiennes transportées en Europe ; et si l'on en voit sur les monumens immenses qui se succèdent depuis Alexandrie jusqu'à l'île de Philé, il n'y en a pas un où l'œil le moins exercé ne puisse reconnoître un objet fantastique ; j'invoque à cet égard le témoignage de tous ceux qui ont, ainsi que moi, visité ces monumens.

Puisque le serpent ailé n'est qu'un être idéal, tous les faits dans lesquels on le considère comme un être réel, sont impossibles ; et, de ce premier point bien établi, résultent déja deux conséquences : 1°. que les prétendues observations d'Hérodote sur les lieux mêmes sont très-suspectes et de nul poids ; car, supposera-t-on que dans un voyage entrepris pour s'assurer de la vérité, lorsque tout auroit concouru à le détromper, jusqu'aux cadavres des reptiles, s'il les eût vus en effet ; croira-t-on, dis-je, qu'il s'en fût laissé imposer aussi facilement ? Pourquoi d'ailleurs, après la description des ibis qui étoient des oiseaux très-connus, donner celle du *serpent volant* avec la même apparence d'exactitude et de simplicité ? 2°. Il résulte encore que les expressions de *voler* et d'*ailés* ont été primitivement employées dans le sens métaphorique, d'où l'on doit penser qu'il pourroit en être ainsi de plusieurs autres, et que, dans tous les cas, on ne prendroit à la lettre aucun des textes rapportés précédemment, sans tomber complettement dans l'erreur.

Si l'on vouloit substituer aux serpens *ailés* des insectes nuisibles ailés, par exemple, des nuées de sauterelles, etc., on abandonneroit le sujet réel de la question, et la difficulté n'en deviendroit que plus grande, car sans doute personne n'auroit vu les os de ces insectes, et il seroit toujours constant qu'Hérodote a pris sur lui de décrire un animal qui n'existoit point, en le comparant, pour le corps, aux serpens aquatiques, et, pour les ailes, à la chauve-souris.

Il faut nous en tenir aux serpens, et, malgré nous , aux serpens sans ailes. Nous commençons par en retrancher toutes les espèces innocentes , parce qu'elles n'ont rien de commun avec ce que nous cherchons. Parmi ceux qui restent se présente d'abord l'aspic , vipère très-venimeuse et très-redoutable , qui a six pieds et plus de longueur (1). Le céraste , quoique moins grand , n'est pas moins venimeux ; mais , pour éviter de nous jeter dans de fausses conjectures , reportons les yeux sur les monumens ; consultons de nouveau les emblêmes destinés à retracer des idées religieuses , dont un grand nombre se rapportent à l'ibis. J'ai dit qu'ils offrent des figures de serpens ; si je n'y vois point celui dont le corps étoit pourvu d'ailes , j'en remarque un autre, dont la tête est surmontée de deux petites cornes , et qui suit ou précède immédiatement la figure de l'ibis, ou du moins en est souvent à si peu de distance , qu'il n'y a pas moyen de nier que l'un et l'autre n'entrent

---

(1) Les anciens ont été d'excellens peintres quand ils l'ont voulu. Au portrait qu'ils ont fait de l'aspic , il est inconcevable qu'aucun voyageur ne l'ait reconnu dans le Nascher des Arabes ; *coluber haje , Lin.*

Hîc, quæ prima caput movit de pulvere tabes ,
Aspida somniferam tumida cervice levarit.

Lucan. Civil. bell., lib. 9 , vers. 700 , 701.

dans le même tableau , et ne composent une
même phrase. Ce serpent à deux cornes est certainement le céraste. On lui supposoit donc
quelque sorte de relation avec l'ibis ; on peut
donc croire que c'étoient des cérastes que combattoient les ibis.

En saisissant cette idée , le céraste me paroît
avoir avec le serpent ailé des anciens un double
rapport , celui d'être très-dangereux , et celui de
ne pulluler que dans les contrées les plus aban-
données , les plus ardentes de l'Afrique septentrionale et de l'Arabie (1). Le céraste est bien ,
à proprement parler, l'habitant du désert ; car
ce dernier mot n'est que relatif , et il n'y a
point de désert pour la nature ; mais il fuit
loin des terres marécageuses ; au contraire, il
se plaît et peut vivre dans des sables arides ,
parce que, les creusant avec facilité , il parvient
toujours à la profondeur nécessaire pour trouver la vapeur chaude et subtile qui suffit à son

---

(1) *Diodor. Sicul. Biblioth. hist., lib.* 3 , *cap.* 50.
   Lucan. Pharsal., lib. 6 *et* 9.
   Lucian. in dipsadibus.
   Solin. Polyhist., lib. 30.
   Avicenn. lib. 4. *canon., fen.* 6. , *tract.* 2, *cap.* 27.
   Bruce, Voyage aux sources du Nil, tom. 5 , pag. 205
   et 238.

entretien ; il sort peu de cette obscure retraite, sur-tout dans le jour (1) ; mais, la nuit, il va quelquefois à la chasse des rats, des gerboises, et de quelques petits reptiles dont il fait sa proie.

Convenons cependant que ces habitudes du céraste ne sont que celles de tous les serpens venimeux qui appartiennent à l'Egypte (2), ou plutôt aux régions voisines de l'Egypte, puis-qu'on n'en rencontre jamais aucun, non-seule-ment dans le Delta (3), mais sur les bords du Nil, et dans tous les champs cultivés et arrosés (4). On diroit que les anciens aient voulu nous consigner ce fait remarquable. A les en croire, le peuple des Psylles n'habitoit point des terreins noyés, ni des ombrages touffus ; ils le faisoient vivre sous un ciel dé-

---

(1) Bruce, Voyage aux sources du Nil, tom. 5, pag. 236 et 237.

(2) *Aspidis habitatio est in sicco, et in locis in quibus non est aqua.* Andromach., lib. de theriac. — *etc.* Voyez sur-tout la Pharsale de Lucain, livre 9.

(3) Bruce, Voyage aux sources du Nil, tom. 5, pag. 238.

(4) *Et quæ erat arida, erit in stagnum, et sitiens in fontes aquarum. In cubilibus, in quibus prius dracones habitabant, orietur viror calami et junci.* Isai. proph., cap. 35, v. 7.

Diodor. Sicul. Biblioth. hist., lib. 3, cap. 39. [XVII]

couvert, sur une terre nue, au milieu de sables et de rochers qui recéloient ces terribles reptiles, dont les venins exaltés par la chaleur acquéroient tant d'activité (1). Aujourd'hui, les voyageurs n'ignorent pas que c'est dans des lieux analogues où les Psylles modernes (2) vont encore chercher leurs vipères de tout genre.

Mais le céraste est le plus multiplié de ces animaux nuisibles ; il en est aussi le plus singulier, et en quelque sorte le plus laid ; et rien au monde ne devoit autant frapper les Egyptiens que le contraste parfait qui existe entre l'ibis et ce hideux et malfaisant reptile. Sans même compter la différence infinie des sensations qu'on éprouvoit à leur aspect, ne voyons-nous pas, après un examen plus réfléchi, le premier exclusivement attaché au domaine du fleuve,

---

(1) *Strab. Geograph.*, lib. 2 et 17.

Plin. Hist. natur., lib. 7, cap. 2. II.

Lucan. Civil. bell., lib. 9, vers. 894—937.

Solin. Polyhist., cap. 3o.

Les Psylles étoient situés au midi de la Cirénaïque, entre les Nasamons... et les Gétules... : dans ces climats infortunés où le soleil ne répand d'autre lumière qu'une lumière brûlante, et qui ne produisent autre chose que des serpens. *Académ. des inscript. Mém. sur les Psylles, par Souchay.*

(2) En arabe *el hhaoûi.*

à la terre fertilisée par les eaux, tempérée, habitée, couverte de biens, le second retiré dans d'effrayantes solitudes, brûlantes, sans eaux, sans abri, que nul art humain ne peut féconder; d'un côté, la confiance avec le bien-être, de l'autre, la détresse et les pressans besoins; l'ibis promettant tout, le céraste semblant tout refuser; celui-ci craint (1) autant que l'autre chéri; tous deux regardés sans doute comme des êtres puissans, tous deux honorés (2), et rapprochés dans les emblêmes, devenant encore tous deux une vive image des confins de l'Egypte, où la mort est si près de la vie, et l'abondance sans mesure d'une disette absolue.

Il ne faut donc pas s'étonner qu'on ait supposé de tout tems entre ces deux animaux la plus violente antipathie. Je sens que je dois paroître sortir de la question, puisqu'il s'agit moins d'une aversion chimérique que de combats très-vifs et très-réels. On me dira que je ne donne point à cet égard les éclaircissemens qu'on at-

---

(1) Voyez Belon, Observations de plusieurs singularités, livre 2, chap. 70.

(2) Quoique l'Egypte touche à la Lybie, on n'y voit cependant pas d'animaux; et ceux qu'on y rencontre, sauvages ou domestiques, on les regarde comme sacrés. *Herodot. Hist. Euterp.*, cap. 65, traduct. de M. Larcher, tom. 2, pag. 54.

tendoit. Je le crois bien et la raison qui m'en empêche, est précisément la même sur laquelle se sont établies ces idées d'antipathie et de haine réciproque. Le céraste qui évite toute humidité, n'est pas plus tenté de s'approcher des eaux et de la fange, que l'ibis, qui est essentiellement un oiseau de rivage, de s'en éloigner pour chercher les serpens venimeux dans leurs arides déserts, où l'on ne sauroit imaginer, vu la puissance de son vol, que, malgré ses voyages, il s'abatte jamais. Peut-on même présumer qu'il eût tant de goût pour une proie destinée à vivre loin de lui; et y a-t-il dans la nature de semblables erreurs? Remarquons de plus que ce qui eût été pour des tribus d'Arabes un très-grand service, devenoit presque indifférent aux Egyptiens; et, dans le fond, que leur eût donc tant importé la destruction des cérastes dans des régions qu'ils fréquentent à peine, d'où ces reptiles ne sortent point, et d'où certainement ils ne leur eussent jamais causé le moindre dommage?

Ainsi la différence d'habitudes élève entre le céraste et l'ibis une barrière que celui-ci ne peut franchir pour joindre et attaquer son ennemi. Penser le contraire seroit absurde, et voilà un point sur lequel il n'est plus possible de revenir. Mais est-ce donc bien là ce que disoient les Egyptiens ? Ne leur attribuerons-nous toujours que des fables ; et , dans ce cas particulier , n'y a-t-il aucun moyen de les mieux comprendre ? Si , par exemple , à l'époque indiquée , une cause annuelle et constante tendoit violemment à rapprocher vers l'Egypte la demeure même des cérastes ; qu'ensuite une autre cause aussi constante , mais encore plus puissante que la première , agissant en sens inverse , vînt en arrêter les progrès , et maintenir le séjour des ibis ; quoiqu'il n'y eût pas , entre ces oiseaux et le céraste , de combat dans l'acception propre du mot , les effets , au fond , ne seroient-ils pas semblables , les avantages en seroient-ils moins réels , moins importans pour les Egyptiens ? Ne le seroient-ils pas même plus que si les ibis eussent en effet poursuivi , tué des serpens venimeux ? En y réfléchissant, j'entrevois un phénomène de ce genre , mais grand , d'une influence générale , et qui , depuis des siècles , balance , pour ainsi dire , chaque année , la destinée de l'Egypte. Arrêtons-nous , pour le considérer.

L'Egypte arrosée jouissoit d'une douce température ; la terre y étoit garnie de plantes vigoureuses , de verdure , de fleurs ; les champs, couverts de riches moissons ; les lacs , peuplés d'oiseaux. Cependant le Nil est rentré dans son lit. Après cette époque, et vers le commencement du printems, les vents du midi viennent échauffer l'atmosphère. D'abord légers, ces vents ont augmenté de violence, et souflent par fois des jours entiers sans interruption. Traversant les déserts avec rapidité, ils en agitent le sable brûlant, le soulèvent en tourbillons, et chassent au loin devant eux des flots d'une poussière subtile et malfaisante. L'horison s'obscurcit ; un ciel nébuleux couvre toute l'Égypte ; alors les plantes se dessèchent, les animaux fuient, et l'homme languit ; des maladies contagieuses se développent ; elles s'étendent ; elles frappent de terreur l'espèce humaine. Si cet état déplorable duroit davantage, les hommes périroient, la végétation seroit anéantie ; et l'Egypte, après quelques années, entièrement ruinée et ensevelie sous les sables, n'offriroit à l'œil que l'aspect d'un désert ; mais déja les vents étésiens ont rafraîchi l'air, et fait rouler les nuages dont le Nil s'est grossi de nouveau pour abreuver la terre, l'assainir, et rendre à la nature son premier charme et sa première vigueur.

Lorsqu'on rapproche d'un semblable phénomène, dont l'existence est incontestable (1),

____

(1) Consultez, pour de plus amples détails, les voyages

l'histoire fabuleuse du combat des ibis contre les serpens ailés, en la réduisant toutefois à ses vrais élémens, il ne faut pas une grande contention d'esprit pour remarquer une parité parfaite : identité de cause occasionnelle, le vent du midi ; identité d'origine locale, les déserts voisins de l'Egypte ; identité d'époque, le printems ; identité de résultats possibles, les maladies contagieuses, la dépopulation ; identité d'issue qui, dans l'un et l'autre cas, est également favorable aux Egyptiens ; enfin, j'ose le dire, identité nécessaire d'agens ; et ceci, indépendamment de toute autre raison, doit faire adopter les motifs auxquels nous avons rapporté le culte de l'ibis, en le considérant à son origine. On ne peut que s'en convaincre davantage, si l'on veut avec moi porter un instant le regard sur ces tems antiques.

de Dapper, Maillet, Pokoke, Savary, Volnai, et l'excellent ouvrage que M. Larrey, chirurgien en chef de l'armée française en Egypte, a récemment publié.

§. IV.

Apperçu qui développe et confirme la conclusion précédente.

Les premiers prêtres n'étoient point des imposteurs. Ignorans, mais sincères, ils partageoient la croyance commune ; leurs dogmes nés dans le pays et familiers à tout le monde, s'exprimoient aussi dans la langue nationale.

Durant cet état des choses, si les prêtres de l'Egypte s'adressoient au peuple, ils ne prétendoient que lui rappeler dans son propre langage les événemens attribués à des causes plus qu'humaines, les faits physiques devenus importans par les sentimens de crainte ou de reconnoissance qu'ils inspiroient à tous.

Cependant les idées resserrées dans de certaines limites acquéroient de ce peu d'étendue un grand degré d'énergie, et imprimoient à la langue un caractère particulier de concision qui le rendoit plus propre à peindre les choses qu'à en expliquer la vraie nature. Un mot retraçoit toutes les qualités intrinsèques d'un objet, et souvent ses relations extérieures autant qu'elles pouvoient s'étendre.

Ainsi, au lieu de : « les sables où vivent les cérastes sont emportés dans les airs ; ils nous arrivent avec de fâcheuses maladies ; peut-être couvriront-ils nos champs cultivés ; peut-être qu'il nous faudra périr , et que bientôt les serpens venimeux posséderont cette terre qui est notre patrie , comme ils possèdent aujourd'hui les déserts , » ils disoient ceci : « *les serpens volans envahiront l'Egypte.* » De même , quand , par l'effet des vents du nord , le pays s'étoit assaini , et que leurs ibis sacrés avoient reparu avec des eaux fécondantes , on disoit : « *les ibis ont combattu les serpens volans.* Enfin les sables accumulés sur les confins du désert , arrêtés par la végétation dans des lieux où les montagnes en s'ouvrant leur eussent laissé un libre passage , pouvoient bien être désignés comme les *monceaux d'ossemens* qui témoignoient la victoire des ibis , et justifioient le culte de ces oiseaux.

C'étoit si bien le vrai sens de ces expressions, que du tems de Diodore, les cérastes passoient en Egypte pour en avoir envahi de grandes portions qui depuis ce tems étoient demeurées désertes et inhabitables (1). Eh ! qui ne sait qu'ils

---

(1) *Diodor. Sicul. Biblioth. hist.*, *lib.* 5, *cap.* 5o. [XVIII]
Les annales de quelques autres peuples de l'Afrique offrent des exemples de semblables dévastations.
Herodot. Hist. Melpomen., *cap* 1o5. [XIX]

en occupent aujourd'hui les provinces les plus
fertiles ? « Quand les canaux de l'Egypte , dit
Bruce , et ses lacs immenses furent taris , les
ibis cessèrent de les fréquenter, et les serpens
d'y être dangereux pour l'homme (1). » Oui ,
sans doute , les ibis ne fréquentent pas l'Egypte
comme autrefois , mais les serpens y sont plus
nombreux , plus funestes que jamais ; et lorsqu'un jour , les ibis qui viennent encore en petit
nombre , auront disparu sans retour, les serpens
iront établir leurs repaires sur les bords arides
et sablonneux du fleuve: l'on y cherchera vai-
nement quelques habitans d'une contrée qui fut
si riche et si peuplée.

Au reste, comme les mots, quels qu'ils fussent,
ne changeoient rien au fond des idées , et que
chacun étoit de bonne foi , lorsqu'on vouloit
représenter des événemens semblables ou d'analogues , on se contentoit presque toujours de
peindre un céraste au-dessus ou au-dessous
d'un ibis , et l'on ne voit pas plus sur les
anciens temples d'ibis mangeant des serpens (2),

---

(1) Voyage aux sources du Nil , tom. 5 , pag. 206.

(2) Sur le côté occidental de l'obélisque de Salluste, à
Rome , des oiseaux paroissent tenir des serpens dans leur
bec , mais ces oiseaux ne ressemblent point à l'ibis.

Voyez Kircher *Musæum collegii romani , obelisc. olim
Salust. , modo Ludovis.*

que de serpens ailés. Cette expression *manger*, devient, dans la circonstance dont il s'agit, une exagération qui ne me paroît point dans le génie des langues primitives, lesquelles peignoient avec force, mais avec naïveté. J'observe à ce sujet, qu'Hérodote ne dit pas que les ibis dévorent les serpens, mais qu'ils les combattent et qu'ils les tuent.

En consultant les hiéroglyphes (1) que j'ai fait graver (planche 5), on voit, outre l'ibis et le céraste, l'eau figurée par une ligne brisée, qui imite les ondulations de cet élément ; plus, une demi-sphère qui pourroit bien représenter la terre ou le limon. On ne s'étonne pas de l'emploi fréquent de ces signes et de la variété de leurs combinaisons, quand on songe à leur objet et à l'importance des faits dont ils retraçoient la mémoire.

Ces mêmes emblèmes, si l'on en excepte le dernier, sont très-simples ; ils sont fournis par la seule nature : ils étoient sans doute d'un usage très-ancien, usage qu'on peut considérer comme contemporain du langage primitif, et qui permet de s'en faire une image. Tous deux

---

Georg. Zoeg. *Dan.* ; *de origin. et usu obeliscorum. Obeliscus sallustianus.* C. D.

(1) Ces hiéroglyphes qui ont été pris sur un petit obélisque

s'étoient déja modifiés : tous deux se sont perdus. Ce fut l'effet d'une longue suite d'événemens. Nous ne les parcourons ici qu'à la hâte, et seulement pour voir ce qui dut en arriver.

Après les premiers pas de l'esprit humain, ses progrès devinrent rapides. Les connoissances se multiplièrent avec les siècles. Les moyens de comparaison augmentant chaque jour, les rapports des objets entre eux furent enfin mieux appréciés. Il se fit dans les idées des changemens qui en déterminèrent d'autres dans le langage. L'écriture symbolique s'altéra peu-à-peu, et les hiéroglyphes furent portés à un haut degré de perfection.

Cependant les mots anciens changèrent pour ainsi dire de nature par leur mélange avec les nouveaux. On abandonna bientôt le sens figuré pour le sens propre. La révolution du langage devint complette. Les hiéroglyphes extrèmement compliqués étant une écriture impraticable pour la multitude, il fallut leur en substituer une autre. On inventa des signes plus arbitraires qui remplirent le but qu'on se proposoit et exprimèrent facilement tout ce qu'on voulut.

---

en trapp, trouvé à la citadelle du Caire, ont paru par leur travail d'une haute antiquité.

Ces dernières innovations s'introduisirent sans peine, et peut-être sans qu'on s'en apperçût, dans tout ce qui regardoit la vie civile : mais elles furent repoussées dès qu'il fut question de sujets religieux. Les dogmes et le rit rédigés anciennement restèrent exprimés tels qu'ils l'étoient. Depuis des siècles on avoit oublié le langage primitif, que les prêtres l'employoient encore en présence du peuple. C'étoient bien des expressions usitées, mais il n'y attachoit plus le même sens. Le résultat fut tout simple : c'est que les choses les plus raisonnables se transformèrent dans son esprit en des choses absurdes ; et ce qu'il y a de pire, que ces absurdités y prirent racine, parce que la superstition obligea de les croire et de les placer au même rang que la vérité.

On conçoit comment les prêtres qui ne manquoient pas de loisir, ayant fidèlement conservé l'usage des hiéroglyphes, cette écriture fut celle des sciences après avoir longtems été celle de la religion ; ce qui explique pourquoi l'on n'en mit point d'autre sur les monumens, quand les ressources de l'art permirent d'en faire élever. On conçoit encore, comment par l'effet de l'inégalité des lumières les relations cessèrent d'être les mêmes ; comment l'intérêt des prêtres, l'emportant sur celui du peuple, leur défendit de l'éclairer ; comment enfin de la combinaison de toutes ces choses , naquirent les mystères , les initiations , etc. Ces considérations , et bien d'autres que ceci pourroit amener , ne sont pas de mon sujet. J'ajouterai , seulement , que les hommes instruits ne tombèrent jamais dans les erreurs grossières du peuple ; que celui-ci même dut tendre plus d'une fois à s'en dégager malgré les efforts qui vouloient l'y retenir , efforts dont il semble qu'on apperçoit la trace dans les moyens qu'Hérodote emploie pour accréditer un récit fabuleux ; et ceci ne paroîtra pas étrange à ceux qui connoissent la crédulité de ce Grec , et le genre de ses liaisons avec les prêtres égyptiens.

§. V.

De l'antipathie de l'Ibis pour les serpens plus particuliers à l'Egypte.

Dès que l'aveugle superstition se fut persuadée que les ibis alloient tuer au printems des serpens dangereux, rien ne l'empêchoit de se figurer qu'ils en dévoroient tous les jours. Le pas qu'elle avoit franchi lui rendoit le reste facile, et je pourrois dès à présent m'arrêter : continuons cependant, et tàchons de bien dissiper tant d'épais nuages.

Les Egyptiens ont-ils jamais cru honorer l'ibis, en reconnoissance de ce que cet oiseau délivroit leur pays des reptiles indigènes ? Voilà un fait qu'il est impossible de prouver.

Je sais bien qu'on le trouve comme indiqué dans Cicéron (1), Plutarque (2), Josèphe (3),

____

(1) *Cicer. de Nat. deorum*, lib. 1.

(2) *Plutarch. moral. de Iside et Osiride.* [XX]

(3) *Joseph. Antiquit. judaic.*, lib. 2, cap. 10.
[XXI]

Elien (1) , Eusèbe (2) , Albert (5) , etc. , et dans quelques poëtes ; nettement exprimé dans Alexandre (4) , qui le donne pour le secret motif d'une loi rendue par les prêtres en faveur de l'ibis (loi qui défendoit de tuer cet oiseau , sous le faux prétexte que si les dieux se manifestoient , ils en prendroient la figure) ; qu'il l'est encore dans Solin et dans Marcellin (5) son copiste ; mais je ne le vois pas dans Hérodote , qui ne parle que de la destruction de serpens exotiques : je vois , au contraire , que ce n'est qu'après ce premier fait que l'autre s'est publié ; qu'il en étoit une conséquence naturelle , nécessaire même , qui , par sa vraisemblance n'a pu que se transformer en un préjugé général sous lequel tous les auteurs se sont rangés : je n'excep-

---

(1) *Ælian de animal. natur. , lib. 10 , cap. 29. [XXII]*

(2) *Euseb. præparat. evangel. , lib. 2. , cap. 1.*

(5) *Albert. magn. de animal. , lib. 8 , tract. 1 , cap. 2, et tract. 2 , cap. 2 ; et lib. 25 , cap. 24. [XXIII]*

(4) *Alexand. Aphrodis. Comment. in duod. Aristot. lib. de prim. philosoph. lib. 11 vel 12. [XXIV]*

(5) *Solin. polyhist. , cap. 35.*

Ammian. Marcell. rer. gest. lib. 22 , cap. 15. [XXV]

terai pas Diodore (1), Juvénal (2), ni Strabon (3), quoique tous trois aient voyagé en Egypte, parce qu'ils ne reproduisent qu'une ancienne opinion, sans aucune observation nouvelle qui la confirme; ils ont eu cela de commun avec les voyageurs de nos jours : quelques mots qui semblent répétés au hasard ne sont d'aucune valeur.

Les modernes, à leur tour, l'ont tous aveuglément adopté, s'imaginant que le séjour prolongé des eaux sur le vaste limon de l'Egypte, y favorisoit, autrefois, l'existence, et y accéléroit la reproduction de toutes les races de reptiles ; tandis que c'est une idée fausse, également démentie par l'expérience (4) et par le témoignage de l'histoire : et quand l'ibis

***

(1) *Diodor. Sicul. biblioth. hist.*, lib. 1, cap. 87. [XXVI]

(2) *Quis nescit, Volusi Bithynice, qualia demens*
Ægyptus portenta colat ? crocodilon adorat
Pars hæc ; illa pavet saturam serpentibus ibin.
JUVÉNAL, *satyre* 15.

(3) *Strab. geograph.*, lib. 17. [XXVII]

(4) Voici un exemple curieux des efforts que faisoient tous nos voyageurs, pour concilier ce qu'ils voyoient avec ce qu'ils vouloient absolument voir. « En lisant ce que je « vous ai écrit de l'ibis et des autres oiseaux de proie qui « dévorent ici les serpens, peut-être vous êtes-vous ima-

s'y seroit en effet opposé, soit en tuant les reptiles eux-mêmes, soit en les attaquant dans leurs générations futures, et, comme on l'a prétendu, recherchant leurs œufs avec avidité pour assouvir ses petits (1), les Egyptiens n'auroient pu lui en savoir gré que par un mouvement bien peu réfléchi; car, il n'eût inquiété que quelques espèces innocentes de couleuvres, de lézards, etc., et dans le fait, n'eût que diminué le nombre d'animaux dont la multiplication n'est pas sans quelque utilité, puis-

---

« giné que ces reptiles fourmillent en Egypte. Il ne faut
« cependant pas croire que cette région en soit tellement
« infestée, qu'on ne puisse l'habiter sans risque. Outre
« qu'ils ne sont pas fort venimeux, on ne les voit que
« quand les chaleurs se font sentir trop vivement dans
« les déserts de la Lybie, et que les eaux du Nil sont ab-
« solument retirées. Alors ils descendent, à la vérité, des
« montagnes, pour chercher la fraîcheur; mais la guerre
« continuelle que leur font les oiseaux dont je vous ai parlé,
« en détruit la plus grande partie, et tient si bien le reste
« dans l'épouvante, qu'on n'en rencontre pas autant que
« vous pourriez l'imaginer. » Maillet, descript. de l'Egypte,
tom. 2, pag. 25.

(1) *Solin. polyhist.*, cap. 35.

 Ammian. Marcell. rer. gest. lib. 22, *cap.* 15.

 Albert. magn. de animal., *lib.* 23, *cap.* 24.

[XXVIII]

Nota. On sait que les serpens venimeux sont vivipares.

que tous ne vivent que de vers , d'insectes , ou de
petits quadrupèdes plus nuisibles qu'eux , et la
plupart plus difficiles à détruire.

Il faut dire pourtant que , parmi les anciens ,
il en est qui ont apporté quelque modification
à l'opinion commune. Strabon nous apprend que
l'ibis recueilloit les immondices dans les marchés d'Alexandrie (1). Diodore rapporte qu'il détruit les sauterelles et les chenilles (2). Albert assure même que l'ibis suit le bord des eaux pour
attraper les petits poissons , et à défaut de
serpens , ramasser tous les petits animaux que
les flots rejettent sur le rivage (3). Il s'éloigne ,
ajoutent quelques auteurs , des courans très-
profonds (4) ; mais j'ai déja dit pourquoi. Pro-
cope (5) compte aussi l'ibis entre les oiseaux
friands de poissons. La vérité soulève de ce côté
tant soit peu le voile ; mais d'un autre , elle est

---

(1) *Strab. geograph.*, *lib.* 17. (Voyez la note XXVII.)

(2) *Diodor. Sicul. Biblioth. hist.*, *lib.* 1 , *cap.* 87.
    Euseb. præparat. evangel., *lib.* 2 , *cap.* 1. (Voyez
     la note XXVI.)

(3) *Albert. magn. de animal.*, *lib.* 23 , *cap.* 24.
    [XXIX]

(4) *Physiologus et alii apud Gesner.*, *hist. animal.*,
    lib. 3 , *de ibide.* [XXX]

(5) *Procopius Gazæus sophist. Comment. in levitic.*
    [XXXI]

offusquée plus qu'avant par des exagérations ou par des contes ridicules.

Elien et Simocatus (1) ont écrit que l'ibis étoit comme insatiable de venins, et qu'il se gorgeoit sans mesure des substances les plus fétides : il portoit même des surnoms grecs relatifs à ce goût particulier, selon Gesner (2).

Il étoit fort embarrassant d'expliquer comment l'ibis s'accommodoit si bien d'une nourriture que l'on jugeoit mortelle pour tout autre oiseau. On le supposa doué d'un tempérament assez chaud pour cuire et digérer cette masse de matières vénéneuses, de sorte que, suivant Elien (3), il étoit très-rarement incommodé. Depuis longtems, d'ailleurs, la médecine croyoit lui devoir une invention (4) qui prévenoit tous les accidens ; et Elien pro-

----

(1) *Ælian. de animal. natur.*, lib. 10, cap. 29.
Theophilactus Simocatus quæst. physic., cap. 14.
[XXXII]

(2) *Gesner. Hist. animal.*, lib. 3 de ibide. [XXXIII]

(3) *Ælian de animal. natur.*, lib. 10, cap. 29.
Phile. de animal. proprict., cap. 16, de ibi.
[XXXIV]

(4) *Cicer. de Natur. Deor.*, lib. 2.
Plin. Hist. natur., lib. 8, cap. 27. XLI
Plutarch. moral. de Isid. et Osir.; et de solert. animal.
Galen., lib. de venæ sectione, cap. 1.

teste (1) que l'ibis ne manquoit jamais de s'en servir immédiatement après ses repas. Tant d'images dégoûtantes firent que le nom de cet oiseau devint quelquefois une injure, et qu'il servit la verve satyrique d'Ovide (2) , de Callimaque et d'autres poëtes (3).

Le venin des alimens de l'ibis fit présumer que sa chair et ses œufs contractoient des qualités également pernicieuses (4). On ne pouvoit en manger sans mourir (5). Quelques commenta-

---

Ælian. de animal. natur., lib. 2 , cap. 35.

Albert. magn. de animal., lib. 23 , cap. 24.

Phile. de animal. propriet., cap. 16, de ibi.

Pier. Valerian. comment. hieroglyph. , lib. 17 , cap. 20 [XXXV]

(1) *Ælian. de animal. natur. , lib. 10 , cap. 29.* [XXXVI]

(2) *Ibidis intereà tu quoquè nomen habe.*

OVID. in ibin., vers. 62

(3) *Quæ rostro , clystere velut , sibi proluit alvum*
Ibis , Niliacis cognita littoribus
Transiit opprobrii in nomen : quo Publius hostem
Naso suum appellat , Battiadesque suum.

Alciati emblema 87 , in sordidos.

(4) *Albert. magn. de animal., lib. 23 , cap. 24.* [XXXVII]

(5) *Auth. de Nat. rer. apud Gesner. , Hist. animal. , lib. 3.* [XXXVIII]

teurs (1) ont néanmoins cherché la raison pour
laquelle on en avoit défendu l'usage chez les
Juifs. Je ne m'étendrai pas davantage sur de
telles absurdités.

---

(1) *Eucherius apud Gesner. Hist. anim., lib. 3, de ibid.*
  Procop. Gaz. sophist. comment. in levit.
  Radulph. flaviac. in levit. , lib. 8, cap. 3.
  Helvicus de exemplis et similitudinibus rerum,
    lib. 4, cap. 95. [XXXIX]

§. VI.

Objection.

Après avoir exposé les diverses altérations d'un fait primitif dont on avoit la clef, et maintenu que ces produits de l'imagination ou plutôt de l'incertitude et de la multiplicité des traditions sont tous étrangers aux Egyptiens, je me hâte de prévenir une objection, la seule raisonnable que pussent me faire ceux qui s'obstineroient à fonder la nécessité du culte de l'ibis, sur l'utilité bien reconnue de quelque habitude propre à cette espèce.

En se servant contre moi de mon principe qui est de consulter d'abord la nature, on me diroit : nous voulons avec vous que le culte de l'ibis ne fut pas essentiellement lié à la destruction des reptiles, puisque rien n'eut été plus opposé à l'instinct de cet oiseau, ni moins nécessaire au véritable intérêt des Egyptiens ; nous voulons de plus que ce même ibis n'ait jamais rien eu de commun avec ce qui se passe dans les déserts ; mais examinons-le sous son vrai point de vue, c'est-à-dire, habitant les rives, les parcourant nuit et jour (1), y recueillant incessamment les petits animaux que les eaux y déposent, et voyons-le par-là procurer, selon toute apparence, un très-grand avantage, la plupart des voyageurs ayant observé (2) qu'après la retraite du Nil, il demeuroit sur les vases des multitudes prodigieuses d'insectes, de vers, de poissons, etc., qui se décomposeroient et infecteroient l'air, s'ils ne servoient de pâture à plusieurs oiseaux.

A cela je réponds que quand j'accorderois le point principal, le dernier, ce que je ne ferois pas sans restriction (3), il est aisé de

---

(1) *Nocte et die semper juxtà ripas ambulat. Physiologus apud Gesner. Hist. animal.*, *lib.* 5.

(2) Consultez sur-toút Hasselquist, voyages dans le Levant, tráduct. française, 1re. part. pag. 128 et 129, et 2me. part., pag. 26 et 34.

(3) Ce sont principalement des poissons que les eaux laissent à sec, en se retirant ; il est vrai que la quantité de ces poissons amoncelés passe quelquefois toute croyance. Ce fait est connu depuis Aristote. (Voyez *lib. de mirab. auscult.*) Pendant l'inondation, dit Elien, les Egyptiens naviguent et pêchent où naguéres ils ont labouré; lorsque le fleuve se retire, les poissons abandonnés sur les rivages deviennent encore la première récolte du laboureur. *Ælian. de animal. natur.*, *lib.* 10, *cap.* 43. [XL] Voyez aussi Diodore, livre 1er., chap. 26.

voir qu'en substituant une explication de ce genre, à la mienne, tous les faits rapportés précédemment resteroient insolubles.

On pourroit encore tout concilier en me disant que les deux solutions ne s'excluent pas, qu'elles se prêtent, au contraire, mutuellement plus de forces, et qu'on ne veut qu'ajouter à un motif idéal, à un écart de l'esprit, un autre motif très-solide et infiniment plus important à considérer.

Mais je prie d'examiner un peu à quoi va se réduire cette solidité prétendue. Il est bien clair que dans le cas dont il s'agit, la vénération des Egyptiens se seroit proportionnée au degré d'utilité, qui lui-même eût toujours été relatif au nombre et à la grandeur des individus dans chaque espèce : or, à ce compte, l'ibis ou moins fort, ou moins multiplié, loin d'obtenir le premier rang, ne seroit venu qu'après toutes les espèces de cigognes, de tantales, de grues, de hérons, de vautours, de cormorans, de goelands, d'hirondelles de mer, et encore après une infinité d'autres.

Resteroit à supposer, au moyen de quelques autorités fort suspectes (1), que l'ibis

____

(1) Voyez la note XXXII.

a de plus que tous ces oiseaux une voracité excessive et un goût dominant pour toutes les substances mal-saines ou singulièrement fétides.

Or, indépendamment de l'invraisemblance d'un tel fait, tout ce raisonnement tombe de lui-même quand on vient à songer que de nos jours, l'ibis quitte l'Egypte au moment où il pourroit le mieux lui rendre le service que cet étrange goût suppose (1) ; je veux dire après la retraite des grandes eaux, et dès que la putréfaction commencée dans celles qui n'ont pas d'écoulement, se manifeste par la mort des êtres organisés qui s'y sont accumulés.

Que si l'on ne se tenoit pas convaincu par mes seules observations, il me seroit facile de les appuyer de quelques preuves, prises dans les écrits mêmes des anciens. Celle que me fournit Plutarque ne laisse pas à cet égard le moindre doute.

C'étoit une maxime établie parmi les prêtres égyptiens de ne considérer l'eau comme très-pure qu'après que l'ibis en avoit voulu boire ; l'expérience leur avoit appris que, pour peu qu'elle fut infectée de quelques poisons, ou seulement corrompue et mal-saine, il évitoit

----

(1) Voyez ci-devant section 1re., parag. 7.

avec soin de s'en approcher. Voilà pourquoi les plus doctes et les plus religieux de ces prêtres n'en employoient point d'autre, dans les purifications prescrites par la loi (1). Plutarque nous donne ce fait pour certain (2), et Elien le confirme (3) en appuyant sur l'aveugle confiance que permettoit ce discernement surnaturel.

Il n'y a personne, sans doute, qui ne soit frappé d'abord de la contradiction manifeste où seroient tombés les Egyptiens, qui auroient vu dans le même oiseau tantôt un animal immonde, et tantôt un être d'une inconcevable pureté ; mais c'est cette contradiction elle-même qui mène droit à la source de l'erreur, et qui m'a convaincu que les anciens, après avoir attribué si mal à propos à l'ibis un appétit véhément pour la chair des reptiles, avoient, je ne sais trop comment, étendu ce goût à toutes les matières impures et venimeuses, sans distinction ; ce qui n'est pas la plus révoltante des absurdités auxquelles une même équivoque a donné lieu.

J'avoue que je n'en ai pas d'autre certitude,

____

(1) *Plutarch. moral. de Iside et Osiride.* [XLI]
(2) *Plutarch. opuscul. de solert. animal.* [XLII]
(3) *Ælian. de animal. natur., lib.* 7, *cap.* 45. [XLIII]

et que si l'on vouloit disputer, on feroit encore venir cette opinion des Egyptiens, en
la regardant comme un simple préjugé populaire. Alors, cependant, il seroit vrai que nous
aurions parcouru un cercle de discussions pour
revenir précisément au point d'où nous étions
partis, puisque dans quelques recherches qu'on
voulût entrer, il arriveroit toujours que ce
seroit, non l'ibis, mais l'inondation, qui nettoie
les rivages de l'Egypte, en même tems qu'elle
les préserve d'une invasion par les sables et par
les serpens des déserts.

Ici disparoît la différence des idées qui se
confondent dans un même phénomène, celui
que j'ai décrit, et dans l'expulsion d'une même
calamité ; car la naissance des exhalaisons humides et mortifères, très-propre à dépeupler
le pays et à précipiter l'arrivée des cérastes,
fait essentiellement partie de l'idée complexe
que nous représente le serpent ailé (1). Il seroit
superflu d'insister davantage sur ce point, quoiqu'il pût devenir le sujet de quelques considérations intéressantes. Ainsi, l'on remarqueroit

____

(1) Les miasmes marécageux ont cependant été désignés
particulièrement sous les noms d'hydre, de chersydre,
etc. ; mais ces distinctions que j'établirai dans un autre
ouvrage, deviennent inutiles dans celui-ci.

que les eaux qui viennent féconder la terre,
renouvellant celles qui croupissoient sur des terreins incultes, enlèvent une source de miasmes
delétères ; et s'arrêtant à cette première observation , on découvriroit l'origine de l'ancien
préjugé consigné dans Méla , Solin, Ammien (1)
et quelques autres qui font sortir les serpens
ailés de la vase échauffée des marécages ; et
celle de ce préjugé plus moderne (2) qui don-
noit au limon de l'Egypte la puissance de pro-
duire des multitudes d'espèces malfaisantes.
Suivant toujours les auteurs indiqués , on se de-
manderoit si des miasmes de même nature ,
élevés au loin de quelques vastes fondrières,
ne se mêlent pas aux vents du midi pour en
accroître les qualités pernicieuses (3) , et sans

____

(1) Voyez ci-devant pag. 77 et suiv.

(2) Voyez ci-devant , pag. 103.

(3) « Souvent on voit à Isis une tête d'ibis , espèce de
« cicogne qui se nourrit de serpens , et comme l'on
« disoit en Egypte que l'ibis délivroit le pays des dragons
« ailés qui venoient d'Arabie , on ne sauroit guères douter
« que ces figures et ce langage ne fussent une énigme fon-
« dée sur la demande qu'on faisoit des vents occidentaux ,
« pour repousser les vapeurs pestilentielles que le vent
« d'Orient ou du sud-est pouvoit apporter des bords ma-
« récageux du golphe arabique , qui s'étend à l'est , tout
« le long de l'Egypte. » *Pluche, histoire du ciel, tom.*
1 , chap. 1 , num. 11 , pag. 77 et 78.

être la cause unique des maladies pestilentielles, n'en favorisent pas le développement et les progrès. On pourroit encore examiner si ces maladies, preuves funestes de la morsure des serpens ailés, n'avoient pas autrefois moins d'intensité, paroissant plus tard, cédant plus vite au soufle des vents étésiens ; si elles avoient enfin tout le tems d'effectuer leurs ravages, ce que l'on seroit fondé à rechercher à cause des crues plus hautes, à cause de l'écoulement qu'on s'avisa de donner aux eaux dont le superflu fut même porté dans de vastes réservoirs, où, sans être sujet à se corrompre, il restoit à la disposition des habitans, et sur-tout à cause de la végétation plus étendue et plus longtems entretenue. Mais déja le lecteur apperçoit une foule d'autres fils imperceptibles que je ne suivrai point. Il suffit à mon objet d'avoir fait en sorte qu'il conçût bien toute l'acception qu'a primitivement comportée le mot de *serpent volant*, et par suite, mais dans un sens diamétralement opposé, le mot *ibis*.

Quoi qu'il en soit de cette explication, il est au moins très-certain que la ville de Peluse, près de laquelle, selon Hérodote, les ibis s'opposoient à une incursion des serpens, étoit située dans le voisinage du lac Syrbon, et que le lac Syrbon, qui est le même que le lac Menzalé, passoit chez les anciens pour le principal foyer de la peste.

§. VII.

Allégories.

Longtems après, et par l'abus des acceptions primitives, les mots *ibis* et *serpent* se trouvent employés dans différentes allégories, lesquelles sont bientôt méconnues, dénaturées et présentées comme autant de faits réels malgré leur absurdité. Je puis le prouver par quelques exemples.

On lit dans les antiquités judaïques « que, lorsque Moyse commandoit les forces de l'Egypte contre les Ethiopiens ; comme il avoit à traverser une contrée infestée de serpens de mille sortes, la plupart inconnus ailleurs, tous venimeux et horribles à voir, ailés ou non ailés, d'autant plus redoutables que, pour blesser, les uns se cachoient en rampant sur la terre, les autres s'élevoient et se précipitoient du haut des airs ; il imagina d'emporter dans des cages de papyrus un grand nombre d'ibis, jugeant bien que ses troupes en seroient protégées, invention admirable qui les fit passer et revenir triomphantes. » (1) On a souvent cité ce trait singulier.

____

(1) *Joseph. Antiquit. judaic., lib.* 2, *cap.* 10.　[XLIV]

Maillet (1) et Buffon (2) l'ont aisément reconnu pour une fable; et le premier cherchant à l'expliquer, a supposé que les ibis attirés par les voiries que l'armée laissoit après elle, l'avoient suivie dans son expédition; de sorte qu'on avoit attribué à la prudence d'un chef habile ce qui étoit un effet naturel de l'instinct de ces oiseaux. Mais les ibis ne sont point carnivores (3). De plus, les contrées sablonneuses qu'il faut franchir pour arriver en Ethiopie (4), leur sont inaccessibles. L'aridité, le dénuement de ces mêmes contrées les rendent très-dangereuses pour l'homme; et l'historien, par un ingénieux mensonge, nous a peint, sans doute, les soins infinis que dut

---

(1) Descript. de l'Egypte, tom. 2, pag. 23.

(2) Hist. natur. Ois., tom. 8, pag. 3.

(3) L'explication de Maillet que Buffon a adoptée avec quelques modifications, repose sur une méprise dont j'ai déja parlé, et qui consistoit à prendre pour des ibis les oiseaux de proie désignés par les Grecs sous le nom de percnoptères. Ces percnoptères sont des vautours qui suivent les caravanes dans les déserts pour se repaître des cadavres qu'elles abandonnent sur leur route. Des troupes de ces mêmes vautours nous ont accompagnés dans l'expédition de Syrie, depuis le Caire jusqu'à Saint-Jean-d'Acre; mais la saison nous a empêchés de les revoir à notre retour.

(4) Consultez les relations des voyageurs anglais, tels que Bruce, Browne, etc.

prendre Moyse avant son entrée dans ces déserts, pour entretenir parmi ses troupes une santé et une vigueur comparables à celles dont elles eussent joui au milieu des ibis et dans leur propre patrie.

Je ne veux point dire pour cela que Josèphe soit l'historien qui ait inventé cette allégorie. Je pense, au contraire, qu'il nous l'a transmise sans la comprendre ; car elle tient encore de près à un langage qui fut bien antérieur à celui de son siècle. En effet, dès que, par la précision toujours croissante de ce même langage, la naïveté dans les anciens mots fut devenue exagération, et la vérité mensonge, l'esprit humain commença d'entrevoir l'art de déguiser la pensée sous l'équivoque de l'expression, et il revint sur ses pas pour suivre une route si fausse. On ne sait que trop jusqu'à quel point il s'y est égaré. C'est, au surplus, à cette époque qu'il faut se reporter pour avoir la date d'une multitude de faits qui tous également contredisent la nature et répugnent à la raison.

Ainsi quelques anciens ont avancé (Démocrite et Zoroastre sont, dit-on, de ce nombre) que les serpens trembloient à la vue d'une plume d'ibis ; qu'il suffisoit de les en toucher

pour les rendre immobiles (1); et Philé ajoute
que, lorsqu'ils en ont avalé, leurs entrailles
se déchirent, et qu'ils expirent aussitôt (2).
Horus Apollo cite un symbole dans lequel on
voit les plumes de l'ibis exercer sur le crocodile ce pouvoir magique que d'autres leur donnent sur les serpens (3). Il est vrai qu'on ne
trouve figuré sur aucun monument ce prétendu
hiéroglyphe d'Horus.

Il est facile au lecteur d'interprèter ces fictions.
Elles ne tendent en général qu'à dépeindre avec
énergie les influences bienfaisantes du phénomène qui amène et retient en Egypte l'ibis.

Point de bien absolu. Quelque jour ces eaux
salutaires qui avoient éloigné de l'Égypte tant
de maux, reproduiront à leur tour le germe fatal
dont ils naissent, et transmettront à la chaleur

______

(1) *Zoroaster in Geoponicis, lib.* 15*; cap.* 1. *De phy-
sicis sympathiis et antipathiis.*
> *Democrit. apud Florentin., in Geoponicis, lib.* 13,
> *cap.* 8. *de serpentibus.*
> *Ælian. de animalium natur., lib.* 1 *, cap.* 58.
> *Theophilactus Simocatus quæst. physic., cap.* 14.
> [XLV]

(2) *Phile de animal. propriet., cap.* 30, *vers* 66—69.
> [XLVI]

(3) *Horus Apollo, hieroglyph., lib.* 2 *, cap.* 81.
> *Pier. Valerian. Comment. hieroglyph., lib.* 17,
> *cap.* 22. [XLVII]

dévorante une malignité qu'elle n'acquerroit point sans elles.

Lorsqu'on a voulu exprimer cette alliance malheureuse, on a feint que le venin de tous les serpens dévorés par l'ibis se concentroit peu à peu pour former un œuf duquel renaissoit un basilic.

C'est Simocatus qui nous a transmis ce fait (1). Pierius nous l'a ensuite donné (2) comme constituant un symbole que je n'ai pas plus retrouvé que celui d'Horus. Tous deux ont de plus prétendu que les Egyptiens, pour prévenir la production des basilics, brisoient les œufs de l'ibis. Ce qui paroît prouver le contraire, c'est que dans les puits de Saccara, l'on trouve assez souvent des momies qui ne contiennent rien qu'un œuf.

Le mot d'œuf avoit chez les anciens un sens figuré qui est très-connu, et l'on sait que le basilic fut un animal fabuleux (3). Mais quel ani-

---

(1) *Theophilactus Simocatus*, *quæst. physic.*, *cap.* 14. [XLVIII]

(2) *Pier. Valerian. Comment. hieroglyph.*, *lib.* 17, *cap.* 21. [XLIX]

(3) Il est bon cependant d'observer qu'on a souvent confondu le basilic avec quelques serpens, et sur-tout avec l'aspic.

mal ! redoutable à tous, aux serpens même dont il est le roi (1), il ne rampe point comme eux par replis ondoyans, mais se dresse de la moitié du corps, et tient sa tête élevée (2): il vole aisément (3), et on l'a jugé petit (4), car personne ne pourroit se vanter de l'avoir vu (5):

* * *

(1) *Nicander, Theriaca, vers.* 596, 597, *pag.* 28.
Andromach. Theriac.
Sext. Pomp. Festus, de verb. significat., lib. 2.
Basilisc.
Isidor. hispal. Etimolog., lib. 12, *cap.* 4, *n°.* 5.
Avicenn., lib. 4 *canonis, fen.* 6, *tract.* 5, *cap.* 22.
[L]

(2) *Plin. Hist. natur., lib.* 8, *cap.* 21, xxxiij.
Solin. Polyhist., cap. 30. [LI]

(3) *Isai. prophet., cap.* 14, *v.* 29, *et cap.* 30, *v.* 6.
[LII]

(4) *Nicand. Theriaca, vers.* 98, *pag.* 28.
Plin. Hist. natur., lib. 8, *cap.* 21, xxxiij.
Solin. Polyhist., cap. 30.
Ælian. de animal. natur., lib. 2, *cap.* 5.
Isidor. hispal. Etimolog., lib. 12, *cap.* 4, *n°.* 5.
Avicenn. Oper. lib. 4 *canonis, fen.* 6, *tract.* 5, *cap.* 22.
Albert. magn. de animal., lib. 25.
Ravis. Textor. officin. epitom., tom. 2, *serpent. nom., p.* 3. *Basiliscus.* [LIII]

(5) *Galen. de simplic. medicament. facult., lib.* 10, *cap.* 1. [LIV]

cependant, sourd à tous les enchantemens (1), invulnérable, immortel (2), de son corps transude un poison dont la terre est comme calcinée (3): de son haleine, il jaunit les herbes, brûle les fleurs, pourrit les fruits; il tue les arbres, fend les rochers (4); il infecte les airs (5) et les eaux (6), les dépeuple, et communique aux victimes de son venin des qualités non moins funestes (7).

---

(1) *Jerem. prophet.*, *cap.* 8, *v.* 17. [LV]

(2) *Horus Apollo*, *hieroglyph.*, *lib.* 1, *cap.* 1.
  Pier. Valerian. Comment. hieroglyph., *lib.* 14, *cap.* 10. [LVI]

(3) *Plin. hist. natur.*, *lib.* 8, *cap.* 21, xxxiij.
  Solin Polyhist., *cap.* 30.
  Avicenn. lib. 4 *canonis*, *fen.* 6, *tract.* 3, *cap.* 22. [LVII]

(4) *Plin. Hist. nat.*, *lib.* 8, *cap.* 21, xxxiij.
  Lœvin. Lemm. de occult. natur. miracul., *lib.* 4, *cap.* 12.
  Albert magn. de animalib. lib. 25. [LVIII]

(5) *Solin. Polyhist.*, *cap.* 30.
  Isidor. hispalens. Etimolog., *lib.* 12, *cap.* 4, *n°.* 5. [LIX]

(6) *Arnoldus Villanovus*, *lib. de venenis. Basiliscus.* [LX]

(7) *Nicand. Theriaca*, *vers.* 103 — 110, *p.* 28.
  Andromach., *lib. de theriac.*
  Galen. lib. de theriacâ ad Pisonem, *cap.* 8.
  Avicenn. lib. 4 *canon.*, *fen.* 6, *tract.* 3, *cap.* 22. [LXI]

Sans intermédiaire, et de sa vue seule, de son seul sifflement, il terrasse les autres reptiles; il suspend le vol des oiseaux, pour les engloutir (1); il frappe tout être vivant d'un coup mortel.

Cette allégorie qui est assez juste, et dont le sens est complet, conserve encore à plusieurs égards le cachet de l'antiquité. Je n'en présente-rois pas d'autres sur le même sujet sans beau-coup de défiance, parce qu'il deviendroit plus difficile de les distinguer des rêveries imaginées au propre (2) dans des tems postérieurs.

-----

(1) *Nicand. Theriaca, vers.* 99 — 102, *pag.* 28.
Lucanus, Pharsal., lib. 9, *vers.* 724 — 726.
Andromach. de theriac.
Plin. Hist. natur., lib. 8, *cap.* 21, xxxiij.
Galen. lib. de theriacâ ad Pisonem, cap. 8.
Solin. Polyhist., cap. 30.
Ælian. de animal. natur., lib. 2, *cap.* 7.
Pomp. Festus, de verb. significat., lib. 2.
Isidor. hispal. Etimolog., lib. 12, *cap.* 4, *n°.* 5.
Avicenn. lib. 4 *canon., fen.* 6, *tract.* 3, *cap.* 22.
Albert. magn. de animal., lib. 25. [LXII]
(2) Voyez Albert, Kiranides et autres.

§. VIII.

De l'antipathie de l'Ibis pour les scorpions.

S'il en étoit besoin , la base sur laquelle est appuyée toute la théorie précédente, s'affermiroit davantage par de nouveaux faits.

Après les serpens, les scorpions étoient les bêtes venimeuses auxquelles les ibis avoient déclaré le plus vivement la guerre (1). Ce point qui semble de peu d'importance , nous conduit à de curieux rapprochemens ; car 1°. les scorpions sont à la vérité très-incommodes , très-grands, très-multipliés en Egypte , mais dans tous les lieux pierreux ou sabloneux (2) , c'est-à-dire , ainsi que les cérastes , dans ceux où l'ibis ne va point.

2°. Les anciens ont prétendu que les scorpions

---

(1) *Vescitur serpentibus scorpionibusque. Ælian. de animal. natur. , lib.* 10 *, cap.* 29.
  Theophilactus Simocatus, quæst. physic., cap. 14.
  Phile de animal. propriet., cap. 16 *de ibi.* (Voyez les notes XIV, XXXIV et XLVIII.)

(2) *Et ductor fuit in solitudine magnâ atque terribili , in quâ erat serpens flatu adurens , et scorpio ac dipsas , et nullæ omnino aquæ. Deuteronom. , cap.* 8*, v.* 15.

avoient envahi et dépeuplé, à la manière des cérastes, un grand nombre de terres. Strabon, Pline et Diodore citent expressément de vastes régions, tant de l'Ethiopie que de l'Arabie (1).

3°. Les anciens ont encore donné des ailes aux scorpions de même qu'aux serpens (2). Je ne m'attacherai pas à réfuter ce sentiment. Je ne pourrois que me répéter (3), et d'ailleurs les naturalistes savent bien que, dans ce cas-ci, les loix de l'analogie seroient plus violées que jamais.

4°. On voit qu'ils ont été trompés par une

______

(1) *Strab. Geograph.*, *lib.* 17.
    Diodor. Sicul. Biblioth. hist., *lib.* 3, *cap.* 30.
    Plin. Hist. natur., *lib.* 8, *cap.* 29, xliij.
    Ælian. de animal. natur., *lib.* 17, *cap.* 40.
    [LXIII]

(2) *Nicander in theriac. vers.* 801 — 803., *pag.* 56.
    Strab. Geograph., *lib.* 15 *et lib.* 17.
    Plin. Hist. nat., *lib.* 11, *cap.* 25. xxx.
    Pausan. græc. descript., *lib. Beootica*, *lib.* 9.
    Ælian. de animal. natur., *lib.* 16, *cap.* 41 *et* 42,
        et lib. 6, *cap.* 20.
    Avicenn. lib. 4 *canon.*, *fen.* 6, *tract.* 5, *cap.* 2.

(3) « Il paroît, par ce qu'Aristote dit au traité *des par-*
   « *ties*, liv. 4, chap. 6, qu'il ne connoissoit point
   « de scorpion volant. » *Camus*, *Notes sur l'histoire*
   des animaux d'Aristote, *pag.* 754.

équivoque toute semblable. « Cette funeste pro-
« duction de l'Afrique, dit Pline à propos de ces
« insectes, s'élève quelquefois dans les airs,
« soutenue par les vents du midi. Ils étendent
« leurs jambes qu'ils agitent comme des ra-
« mes (1), » *Traduction de M. Guéroult.* Les inductions qu'offrent ce peu de mots, sont trop
frappantes pour que je doive m'y appesantir.

5°. Il n'y avoit rien de plus commun que les
scorpions ailés dans tous les déserts de l'Afrique,
sur-tout dans le voisinage de l'Egypte, près du
phare (2); et ils se faisoient craindre jusqu'en
Asie (3).

6°. Ces scorpions passoient pour être dans
leur genre, comme les serpens ailés, l'espèce la

----

(1) *Plin. Hist. natur.*, *lib.* 11, *cap.* 25 xxx.
    [LXIV]
Le phénomène qui rempliroit l'Egypte de serpens, y
    porteroit donc les scorpions en moins de tems en-
    core, puisqu'il peut agir sur ces petits animaux immé-
    diatement. *Austro et Africo sœvitia scorpionum ve-
    lificat.* Tertullianus in scorpiace.
(2) *Strab. Geograph.*, *lib.* 17.
    Plin. Hist. natur., *lib.* 11, *cap.* 25. xxx.
    Avicenn. lib. 4 *canon.*, *fen.* 6, *tract.* 5, *cap.* 2.
    [LXV]
(3) *Strab. Geograph.*, *lib.* 15.
    Ælian. de animal. natur., *lib.* 16, *cap.* 41.

plus dangereuse. Suivant Pammenès , ils étoient en Egypte armés d'un double aiguillon (1).

7°. Quoique sur les monumens on ait presque toujours préféré le céraste , soit pour ne pas multiplier les signes sans nécessité , soit que la multitude fût plus frappée des facultés malfaisantes de celui-ci , soit enfin que sa forme plus simple parût plus facile à tracer ; malgré cela , dis-je , on y a mis quelquefois le scorpion (2). On l'a même choisi dans une circonstance où toutes les idées du premier âge se montrent rectifiées par beaucoup de science et de réflexion. Je veux parler de l'institution des signes du zodiaque. Le scorpion fut alors placé dans les cieux avec l'ibis. La raison n'en seroit pas comprise sans quelques développemens.

Les Egyptiens ayant remarqué qu'il existoit dans les variations de la terre et du ciel une certaine concordance, sentirent combien il leur seroit utile d'en conserver le souvenir ; et ils y parvinrent au moyen de savans emblêmes. Les étoiles de la

----

(1) *AElian. de animal. natur.* , *lib.* 16, *cap.* 42. [LXVI].

(2) Voyez l'ouvrage de M. Denon , planche 97 , n°. 14 , planche 8 , n°. 15 , et planche 129 , n°. 2. Voyez aussi l'OEdipe de Kircher, tom. 5, syntagm. 19, chap. 4 , pag. 525.

zône céleste que le soleil semble parcourir
chaque année, furent grouppées en autant de
constellations qu'il y a de mois différens, et
comprises dans un égal nombre de figures, toutes
plus ou moins propres à dépeindre les principaux
phénomènes qui se passoient sur la terre, à mesure que le soleil occupoit ces diverses constellations. Ce que je dois dire d'un travail si important, se réduit à ceci. La constellation qui
dans ce tems-là (1) répondoit au solstice d'été,
reçut la forme de la chèvre (2), animal qui aime
à grimper, et cherche de l'œil les points les plus
hauts pour s'y élancer. On a cru qu'elle désignoit
sur-tout le dernier terme de l'ascension du soleil:
mais comme, sur les planisphères qui me sont
connus, les Egyptiens en ont fait un animal
amphibie couvert d'écailles, et terminé en queue
de poisson, elle y est encore plus le symbole du
premier mouvement des eaux du Nil, lequel
commence alors à s'enfler et à vouloir s'élever. Six mois après, on marqua le second
solstice par un crabe dont la marche oblique
indiquoit merveilleusement à-la-fois et le retour
de l'astre du jour, et la retraite des causes fé-

----

(1) 14,000 ans environ avant l'ère française.

(2) Dupuis, Origine de tous les cultes, tom. 6, 1re
partie, Mémoire sur l'origine des constellations.

condantes ; alors le Nil étoit rentré dans ses rives,
il alloit décroître au-dessous de ce terme moyen,
et d'ailleurs l'humidité convenable à la végétation
qui jusques-là s'étoit trouvée plus qu'abondante,
en étoit venue au point de beaucoup diminuer
et de se trop retirer d'une manière sensible.
Chacune des idées principales fut quelquefois exprimée isolément. Ainsi, dans le grand zodiaque
du temple de Dendera (1), un scarabé dont les
pattes finissent en pinces de crabe, semble n'indiquer que le retour du soleil, et dans le *planisphère des génies* de Kircher (2), une queue
de crabe réunie à une tête d'ibis (3) ne désigne
que la marche rétrograde de l'humidité (4). A l'é-

----

(1) Voyez la planche 132me. du Voyage en Egypte, par
M. Denon.

(2) *Kirch. Œdip. Ægypt. , tom. 2, pars 2 , pag. 206.*

(3) « Dans la plupart des planisphères anciens , on
trouve , au lieu d'un cancer, la tête d'un ibis et la queue
d'une écrevisse. Ce double symbole a même donné naissance au caractère vulgaire du signe dont nous parlons. »
Delauln. Hist. des Relig. , tom. 1 , pag. 79.

(4) On pourroit toutefois insister davantage sur la date
de ce monument qui n'est peut-être pas antérieur à l'é-
poque où le cancer est venu occuper le solstice d'été , et me
dire que la tête de l'ibis a été placée dans le signe du cancer comme un symbole particulier de la crue du Nil. Mais
cette objection ne toucheroit point le fond de la question ,

quinoxe du printems , la constellation prit la figure d'une balance, emblême de l'égalité des jours et des nuits , mais en même tems emblême manifeste de l'équilibre chancelant et qui pourtant se maintient entre la fraicheur et la chaleur , la fertilité et la stérilité , les vents salutaires et les vents pernicieux , dont les influences qui seront bientôt dans toute leur force, se font déja sentir , circonstance qui fit encore donner à cette constellation le nom de *chelæ* , pinces (1) , celle du mois suivant étant toute entière sous l'empire du scorpion auquel ces pinces appartenoient. En nous disant que , lorsque le soleil passe le signe du cancer , le corps du crabe desséché se change en scorpion (2) , Pline nous consigne donc un fait astronomique sans le savoir. Le mois qui précède le solstice d'été , devient plus favorable. Or , sur le petit zodiaque de Dendera , on en voit la constellation sous la forme d'un centaure ailé à deux visages (3). Il pose les pieds de devant

---

et je me dispense d'y répondre. Voyez Kircher OEdip. tom. 2, part. 2, parag. 155. [LXVII]

(1) *Aráti phænomena* , vers. 438 , 546 ; 607.
    Manilii astronomicon, lib. 3, vers. 304 , etc.
    Macrob. in somn. Scip. lib. 1 , *cap.* 18.

(2) *Plin. Hist. natur.* , *lib.* 9 , *cap.* 31. LI.

(3) Voyez la planche 130me du Voyage de M. Denon.

sur un esquif; il est armé d'un arc bandé , et prêt à lancer une flèche sur le scorpion qu'il semble poursuivre. C'est un symbole bien ingénieux des vents étésiens, de leur rapidité , de la vigueur avec laquelle ils repoussent les influences mortelles du midi. Un oiseau d'un heureux présage est posé presque sur la croupe du centaure. On le reconnoît pour l'ibis qui se trouve associé au même combat et au même triomphe (1).

En résumant bien les faits rassemblés dans ce paragraphe , on concluera que les scorpions devoient être redoutés en Egypte ; qu'ils le furent sur-tout au printems ; qu'ils le furent avec les vents du sud , avec les sables , avec la contagion. On concluera de plus qu'ils s'identifièrent avec l'idée de toutes ces choses réunies pour lui servir de corps et la retracer à la mémoire , en un mot, que dans l'écriture le scorpion fut le synonyme du céraste, et dans le langage le scorpion

---

Le centaure n'y est représenté qu'avec un seul visage; mais je crois que c'est par erreur.

(1) L'hémisphère austral du planisphère des génies montre aussi dans la division du sagittaire un ibis qui triomphe d'un serpent. Kircher regarde cet oiseau comme le symbole de la puissance d'une divinité tutélaire qui étoit censée venir purifier l'Egypte à cette époque. Kircher. OEdip. tom. 2, part. 2, pag. 207 , n°. 53 , et pag. 213. [LXVIII]

Les Arabes donnent aujourd'hui les noms d'ibis (*hareïz*)

ailé celui du serpent ailé (1). Enfin l'on concluera que l'ibis n'a pas plus détruit les uns que
les autres, et appliquant à sa haîne pour les scorpions ce que j'ai dit de celle qu'il vouoit aux serpens, on se convaincra facilement qu'il seroit
inutile d'en chercher une explication différente.

Je crois donc avoir démontré que les animaux
venimeux, dont l'apparition seroit pour l'Egypte
un funeste présage de dépopulation, que ces
animaux, dis-je, ne sont point combattus,
surmontés par de foibles oiseaux, mais par le
grand phénomène de l'inondation, par cette
cause toute-puissante, qui triomphe à-la-fois
de toutes les sources de corruption, d'insalu-

---

et de coq (*dik* ou *degâgeh*) au cygne céleste, constellation dont quelques étoiles appartiennent d'ailleurs,
comme l'on sait, à la division du sagittaire. Ne seroit-ce
pas cette double dénomination qui, permettant de substituer le coq à l'ibis, auroit autrefois produit des préjugés qui se sont répandus dans toute l'Europe ; savoir : que
le basilic étoit un serpent qui naissoit de l'œuf d'un coq,
que le coq mettoit en fuite les basilics, etc. ? Ces fables
sont consignées dans Lemnius, Albert et dans quelques
auteurs plus anciens.

(1) Sur un monument astronomique de Mithra, publié
par M. Hyde dans son Histoire de la religion des anciens
Perses, on voit le céraste piquer un taureau dont un
scorpion dévore les testicules. Voyez *Historia religionis
veterum Persarum, cap.* 4, *pag.* 113, *tab.* 1, *fig.* 1.

brité , de stérilité , et qui du même coup tranche toutes les têtes de l'hydre.

L'analyse des monumens , et en particulier des zodiaques égyptiens , me fourniroit encore beaucoup de preuves. Je les omets à dessein; elles seront mieux placées ailleurs. Je ne saurois me défendre d'une réflexion : c'est que toutes les fois qu'on comparera les préjugés des anciens aux vrais phénomènes de la nature , et qu'on aura quelque égard à l'antiquité des traditions , à la variété des climats , à la mobilité insensible mais calculée de l'univers , à la différence infinie d'idées et de langage qui peut exister entre un peuple et un autre peuple , un siècle et un autre siècle , on verra s'évanouir bien du merveilleux , et peut-être sentira-t-on pourquoi le moyen âge fut celui de tant de chimères. Mais venons à d'autres objets.

§. IX.

De l'invincible attachement de l'Ibis pour l'Egypte.

Comme nous avons vu l'ibis, par son retour constant avec l'inondation, présider à l'anéantissement des serpens, des scorpions et de tant d'autres choses nuisibles, nous devons le voir s'associer, par ce même retour, à l'existence, ou même à la création et au maintien d'un nombre presqu'infini de choses utiles. Telle est du moins la conséquence naturelle que le lecteur peut tirer. Examinons maintenant si elle est d'accord avec les faits ; et pour mieux nous en instruire, tâchons de ressaisir les liens qui unissoient intimément le culte de l'ibis aux points essentiels de la mythologie égyptienne.

J'observe d'abord que dans l'opinion des anciens, l'ibis n'étoit pas seulement un oiseau propre à l'Egypte (1), mais encore un oiseau qui ne pouvoit vivre éloigné de cette contrée. « S'il arrive, dit Elien, qu'on transporte l'ibis

____

(1) *Plin. Hist. nautr.*, lib. 10, cap. 48. LXVIII. [LXIX]

hors de sa patrie , il se venge d'une semblable violence au même moment qu'il en est la victime ; car se laissant consumer par la faim , il montre à ses injustes ravisseurs combien leurs espérances sont vaines (1). »

On ne sauroit douter que , dans l'origine , ce préjugé ne soit venu des Egyptiens. Mais comment s'étoient-ils donc aveuglés à ce point , que de supposer à leur ibis un attachement si contraire à ses vraies habitudes ? Nous savons en effet que l'ibis est un de ces oiseaux qu'un instinct naturel porte à voyager (2).

La première explication qui se présente , c'est que si les absences de l'ibis étoient remarquées , l'on ne connoissoit aucun moyen de s'assurer qu'il eût disparu de toute l'Egypte ; et qu'on ne s'avisoit pas alors de penser qu'il fût allé habiter des contrées dont on n'avoit qu'une idée confuse.

Ceci semble se confirmer davantage , quand on vient à réfléchir à l'isolement physique de

---

(1) *Ælian. de animal. natur.* , *lib.* 2 , *cap.* 38.

    Pier. Valerian. Comm. hieroglyph. , *lib.* 17, *cap.* 18.

    Pignorius , Mens. isiac. explicat. , *pag.* 76. [LXX]

(2) Voyez ci-devant pag. 51.

l'Egypte , qui , dans son immense horison ,
n'apperçoit que des mers , ou un ciel d'airain et
des régions désolées; quand on sait d'ailleurs
que même aujourd'hui que ses relations avec
l'Europe et l'Asie sont fréquentes , si l'on pénètre dans son intérieur , l'on a quelque peine
encore à persuader à ses habitans qu'il y ait
d'autres eaux que celles de deux grands fleuves ,
la mer et le Nil (1) ; d'autres pays que l'Egypte
ou des déserts.

Il falloit donc des connoissances plus étendues
que celles qu'on avoit en effet , pour savoir découvrir que l'ibis alloit visiter tous les ans une
plus heureuse patrie. Aussi , avons-nous vu que
la disparution de ces oiseaux, au printems, n'étoit
pas regardée comme un départ pour d'autres
climats , mais désignée par des expressions qui
signifioient , à la lettre , *un combat contre des
serpens ailés.*

Cependant , cette explication , quelque plau-
sible qu'elle soit , ne satisfait point à toutes
les objections. On sent bientôt qu'au milieu
de beaucoup d'espèces qui pouvoient paroître
autant et plus sédentaires que l'ibis , il falloit que

---

(1) Ils appellent la mer *Bahhar al malehh ;* et le Nil,
Bahhar al hhalou , Bahhar al Nil , ou simplement
Bahhar.

quelque convenance d'une intimité toute parti-
culiére eût déterminé le préjugé en sa faveur.

Reportons à présent la vue sur tous les points
du vaste horison de l'Egypte, et cherchons ce
qui constitue essentiellement cette contrée au
milieu de tels climats. Une terre qu'un fleuve
parcourt et qu'il féconde en la recouvrant de
ses eaux. L'invincible attachement de l'ibis pour
l'Egypte consistoit donc dans l'union indispensable que l'on croyoit appercevoir entre cet
oiseau et une terre ainsi rendue féconde par
la présence des eaux douces.

Mais cette terre qui est proprement l'Egypte,
n'a pas toujours la même étendue, puisque
les eaux s'en retirent périodiquement. Dès
qu'elle commence à se confondre avec les déserts voisins, les hommes y sont affligés de
maladies contagieuses. Ce n'est que par le retour de l'inondation qu'ils jouissent de nouveau
de toutes les délices d'une nature saine et féconde. Accorder à l'ibis d'intimes rapports avec
l'Egypte, c'étoit donc lui en supposer non-seulement avec une terre féconde, mais avec une
terre salubre.

On m'objectera qu'il eût été plus naturel de
considérer ainsi les poissons, les tortues, les
crocodiles et d'autres animaux qui vivent dans
le Nil. Ces animaux furent en effet singulière-

ment honorés, toutes les fois qu'ils parurent participer à l'inondation (1) ; mais d'abord, leur culte ne pouvoit point détourner de celui de l'ibis ; ils n'offroient même point à l'égard de l'ibis un terme de comparaison qu'on ne devoit appercevoir que dans les autres oiseaux. En second lieu, l'existence de tout animal purement aquatique dépendoit bien du Nil, mais non des accroissemens de ce fleuve, tandis que l'existence de l'ibis ne paroissoit se maintenir, comme celle de l'Égypte, que par ces mêmes accroissemens. Le véritable habitant de l'Egypte n'étoit pas le poisson, le crocodile, etc., qui peuploient souvent des eaux basses et encaissées dans leur lit, mais l'ibis qui peuploit toujours des eaux répandues au dehors, et formant avec le limon des champs propres à

______

(1) Les Syénites adorent le Phagre, car il semble qu'il se trouve alors que le Nil commence à croître, et qu'il leur en signifie la croissance quand il apparoist, dont ils sont fort joyeux, le tenans pour un certain messager. Plutarque, Traité d'Isis et d'Osiris, trad. d'Amyot, pag. 319. *Nota*. Je traiterai ailleurs du culte rendu à ce poisson et à plusieurs autres, comme à l'Oxyrinque, au Lépidote, au Masotis, au Latus. On peut, en attendant, consulter Hérodote, Euterp., chap. 72. Strabon, Géograph., liv. 17. Élien, de la Nature des animaux, liv. 10. Clément d'Alexandrie, etc.

être rendus fertiles. En un mot , l'ibis étoit inséparable d'une salubrité et d'une fertilité assurées.

Ce fut donc à ce double titre que les Egyptiens le reconnurent pour l'habitant essentiel et primitif de leur patrie. Ce fut également à ce double titre qu'ils le choisirent pour en être l'emblême (1) ; et cet antique emblême transmis aux autres nations a passé jusqu'en Europe ; on le retrouve employé sur quelques médailles romaines (2).

---

(1) *Pier. Valerian. Comm. hieroglyph.* , *lib.* 17, *cap.* 18.

   Kirch. Obelisc. Pamphil., *lib.* 4 , *hierogram.* 14, *pag.* 524. (Voyez la note LXX)

(2) *Pier. Valerian. hieroglyph.* , *lib.* 17 , *cap.* 18.

Dans la médaille d'Adrien où l'Egypte paroît prosternée , l'ibis est à ses côtés. On a figuré cet oiseau avec l'éléphant sur les médailles de Q. Marius , pour désigner l'Egypte et la Lybie , théâtres de ses exploits , etc. Buff. Hist. nat. ois. , tom. 8 , pag. 4.

§. X.

Des rapports de l'Ibis avec Isis, Osiris et Horus.

Indigènes dans une fertile contrée, mais séparés du reste de l'univers habitable, les Egyptiens pensoient que leur patrie étoit le berceau des Dieux mêmes (1). C'étoit elle qui avoit donné naissance aux hommes, aux plantes et aux animaux, tous créés par l'action simultanée dés feux du soleil et des eaux du Nil sur une terre aisément féconde (2). Aussi cette terre à-la-fois leur mère et leur nourrice, étoit-elle leur principale divinité. Ils la vénéroient dans les prémices de ces productions dont elle étoit si prodigue ; ils lui vouoient sur-tout ces fleurs suaves et brillantes du lotus, dont elle se couronnoit elle-même à l'époque de ses noces et dans l'éclat de sa jeunesse (3). Les oiseaux qui la peuploient

---

(1) *Plat. in Tim.*
   Diodor. Sicul. Biblioth. hist., lib. 1, cap. 4.

(2) *Diodor. Sicul. Biblioth. hist., lib. 1, cap. 5.*
   Euseb. præparat. évangel., lib. 1, cap. 7.

(3) Voyez sur ces plantes le Mémoire que M. Delisle,

alors , étoient compris dans son culte. L'ibis
devoit donc lui être spécialement consacré. Voilà
pourquoi il le fut à la déesse Isis (1) qui étoit
précisément cette terre si féconde (2).

Adorée sous le nom d'Isis, la terre avoit pour
frère et pour époux le dieu que l'on appeloit
Osiris. On ne peut pas demander si Osiris
étoit le soleil , ou s'il étoit le Nil , puisque l'ac-

---

membre de l'Institut d'Egypte , a fait insérer dans les
Annales du Muséum d'histoire naturelle.

Une observation curieuse , c'est que les racines tubercu-
leuses des lotus se conservent hors de l'eau plusieurs années
de suite sans se dessécher. Il résulte de là que les belles
fleurs de ces plantes peuvent paroître tout-à-coup au milieu des eaux dans des terreins même qui depuis longtems
n'auroient pas été inondés.

Sur la table isiaque, on voit un peu au-dessous d'un
globe ailé, l'ibis placé devant un bouquet de lotus.

Dans le grand zodiaque du temple de Dendera , le
serpent est chassé par le lotus , au lieu de l'être par
l'ibis ; et la place qu'occupe ce symbole, ne permet pas
un instant de douter qu'il ne soit encore celui de l'ino n-
dation.

(1) *Ibis sacra Isidi avis. Pignorius , Mens. isiac.
    explicat. , pag.* 76.

    Kirch. Obelisc. Pamphil. , lib. 4 *, hierogram.* 14,
       pag. 326.

      Œdip. tom. 2 *, pag.* 2 *, sect.* 4 *, pag.* 210.

(2) *Plutarch. moral. de Iside et Osiride.*

    Macrob. saturnal. lib. 1 *, cap.* 20 *et* 21.

tion combinée de ces deux agens naturels pouvoit seule, tous les ans, féconder la terre. Osiris sembloit donc comprendre l'un et l'autre (1) ; mais comme Isis n'étoit point la terre universelle, qu'elle n'étoit point la terre couverte de sables ou hérissée de rochers, la terre stérile ; Osiris ne fut jamais le soleil, lorsqu'à l'équinoxe du printems il dessèche le Nil et lance des feux brûlans et malfaisans. Il le devenoit cependant au solstice d'été ; mais alors, il étoit le soleil n'agissant plus sur le Nil que pour le faire déborder, et au même moment, il étoit le Nil cédant à cette impulsion, et versant en abondance ses eaux sur la terre ; et il continuoit ensuite d'être le soleil tout le tems que cette grande puissance n'envoyoit à la terre humide que la chaleur nécessaire à la production et à la multiplication des êtres vivans ; ou plutôt Osiris étoit considéré comme la force active et vivifiante de l'univers : il en formoit la partie mâle, de même qu'Isis en formoit la partie femelle et passive (2), déesse qu'on nous représente féconde de tout tems, et épouse-mère à sa naissance (3).

---

(1) *Plutarch. moral. de Iside et Osiride.*
(2) *Plutarch. moral. de Iside et Osiride.*
(3) Isis et Osiris estant amoureux l'un de l'autre devant

Mais ce qu'il importe à notre sujet de considérer, c'est que, d'après d'anciennes traditions,
c'étoit Osiris qui avoit autrefois donné l'ibis à
l'Egypte. Voici d'ailleurs comment ce fait assez
remarquable est rapporté.

« Sous Osiris, premier roi des Egyptiens,
« le limon et les sables que le Nil charrie in-
« cessamment de l'Ethiopie vers la mer, y
« comblèrent un golphe immense. Osiris ayant
« apperçu cette terre toute récente, ordonna
« d'y creuser des canaux pour l'écoulement
« des eaux du fleuve, et fit ainsi de la partie
« comprise entre ces canaux une contrée propre
« à devenir très-peuplée et en même tems très-
« agréable. Cependant des multitudes de ser-
« pens engendrés de la corruption du limon,
« infestèrent ce séjour et le rendirent dan-
« gereux à tel point que beaucoup de per-
« sonnes y périrent, entr'autres Canope, nau-
« tonnier d'Osiris. Alors ce roi fit venir de
« grandes troupes d'ibis ; il les envoya con-
« tre les serpens ; et ceux-ci ayant été bien-

---

qu'ils fussent sortis du ventre de la mère, couchèrent
ensemble à cachettes, et disent aucuns que Aroueris
(Horus) nasquit de ces amourettes-là. Plutarq. Traité
d'Isis et d'Osiris, traduct. d'Amyot, pag. 321.

« tôt dévorés, le pays fut pour jamais délivré
« de ce fléau (1). »

Pour pénétrer le vrai sens de cette fable, il
ne suffit pas de bien connoître le roi Osiris.
Il faut savoir qu'on vénéroit, sous le nom de
canope, un vase rempli d'eau, symbole de
cet élément, lorsque son culte étoit lié à celui
d'un des astres qui présidoient à l'effusion du
Nil sur les terres ; il faut sur-tout savoir que ce
dernier phénomène fut indiqué par le lever
d'une constellation remarquable, que l'on appela
le vaisseau d'Osiris, et dont l'étoile la plus brillante, ou le pilote, reçut le nom de *Canope* (2),
et fut représentée hiéroglyphiquement sous la
forme de ce même dieu Canope, dieu qui sembloit périr, lorsque, dans ces tems reculés, le
soleil passoit sous le signe du serpent ou du
scorpion.

C'étoit précisément à cette funeste époque de
l'année, c'est-à-dire, au printems et dans le
mois où le soleil parcouroit le scorpion,
qu'Osiris lui-même avoit été mis à mort par

____

(1) *Kirch. Œdip. tom.* 3, *Diatrib.* 2, *pag.* 42. — *Obelisc. Pamphil.*, *lib.* 2, *cap.* 6, *pag.* 125.
[LXXI]

(2) *Plutarch. moral. de Iside et Osiride.* Voyez aussi
Kircher, Hyde, etc.

Typhon (1) et ses conjurés au nombre desquels se trouvoit une reine d'Ethiopie nommée *Azo.* Cette reine, suivant Plutarque, désigne spécialement les vents du midi.

Dans toutes les anciennes légendes (2) Typhon est le frère et le meurtrier d'Osiris; il n'eût pas été moins exact de dire, avec Capella, qu'Osiris se changeoit en Typhon (3). Quoi qu'il en soit, les Grecs ont dépeint ce monstre comme un horrible dragon dont les cent bouches vomissoient des flammes; son corps étoit couvert de plumes; ses extrémités inférieures entortillées de serpens (4). Je ne connois que le planisphère des génies de Kircher, où on lui ait en effet à-peu-près donné cette forme (5); mais il n'en est pas moins certain que les Egyptiens

---

(1) *Plutarch. moral. de Iside et Osiride.*

(2) Je n'ai pas la prétention d'expliquer aucune de ces légendes dont il faudroit commencer par fixer les époques, mais j'ai cru pouvoir en extraire quelques faits utiles à mon sujet, et dont le sens comme l'antiquité me paroissent dévoilés par la parfaite analogie de ces mêmes faits avec les signes allégoriques du zodiaque.

(3) *Martianus Capell., Satyr. de nupt. Phil. et Mercur.*

(4) *Homer. Iliad. — Aristot. de mundo,* etc.

(5) Typhon, sur ce planisphère, remplace le céraste ou le scorpion. Voyez Kircher, OEdip. tom. 2, part. 2, pag. 206.

le regardoient comme le père de tous les reptiles venimeux (1), que dans l'origine le scorpion
leur avoit paru très-propre à en désigner la
puissance malfaisante, et que la puissance de
Typhon se manifestoit, ainsi que Plutarque nous
l'apprend lui-même (2), par l'aridité, la corruption pestilentielle des eaux, et par les vents
brûlans et pernicieux du midi, qui en portèrent
le nom de vents typhoniens (3).

Pendant le règne de Typhon, la terre se
dépouilloit de ses productions; le principe
qui anime la nature vivante paroissoit bientôt
comme ensevelie avec les eaux au fond du
fleuve. C'est ainsi qu'Isis perdit Horus, fruit de
son union avec Osiris (4). Typhon, après l'avoir
atteint et vaincu, en jeta les membres dans le
Nil. Mais lorsqu'Osiris reparut triomphant,
l'ibis, si l'on en croit Hecatæus, retrouva le premier le corps d'Horus; il le retira du Nil, et
il se dévoua à la garde de ce fils d'Osiris et
d'Isis (5).

---

(1) *Plutarch. moral., de Iside et Osiride.*
(2) *Id. ibid.*
(3) Voyez Hesychius, Henri Etienne, etc.
(4) *Plutarch. moral. de Iside et Osiride.*
(5) *Hecatæus apud Kirch. obelisc. Pamphil., lib.* 5,
 pag. 452. [LXXII]

§. XI.

L'Ibis consacré à la lune.

Les motifs qui avoient fait consacrer l'ibis à la terre féconde, le firent dédier à la lune (1) qui étoit l'Isis céleste (2), ou plutôt l'astre d'Isis.

Sous un ciel brûlant, la lune parut exercer d'heureuses influences. Elle se levoit pour éclairer les nuits, mais sa douce lumière, loin d'ajouter à la chaleur accablante du jour, sembloit y faire succéder une vive et salutaire fraîcheur. Essentiellement tempérée, essentiellement humide, elle versoit, disoit-on, dans

---

(1) *Ibis lunæ sacra est. Ælian. de animal. natur.,
lib. 2, cap. 58.
Clem. Alexandr. Stromat., lib. 5, sect. 7.*

(2) *Diodor. Sicul. Biblioth. hist., lib. 1, cap. 6.
Plutarch. moral. de Iside et Osiride, et de facie
in orbe lunæ.
Macrob. in somn. Scip., lib. 1, cap. 19.*
Nota. Isis étoit comme Osiris aux cieux et sur la terre.

l'atmosphère une abondante rosée (1) ; elle concouroit toujours aux progrès de l'inondation (2) ; aussi Elien expliquant pourquoi l'ibis ne sort jamais de l'Egypte, allègue-t-il pour raison, non-seulement que le climat de ce pays est excessivement humide, mais encore que la lune y est la plus humide de toutes *les étoiles errantes* (3).

En assimilant à ce point la lumière de la lune aux eaux douces de la terre, on établissoit une identité presqu'absolue dans les fonctions de ces deux grandes divinités ; et c'est ainsi que les rapports des animaux avec la terre féconde se trouvèrent insensiblement transformés en rapports analogues avec l'astre des nuits. De là ce préjugé, transmis par Elien, que l'ibis connoît les phases de la lune, et qu'il observe de régler sur le cours de ces mêmes phases la quantité journalière de ses alimens (4) ; car les ali-

---

(1) *Plutarch. moral. de Iside et Osiride.*
    Macrob. saturnal., lib. 7, cap. 16.
    Plin. Hist. natur., lib. 2.
(2) *Plutarch. moral. de Iside et Osiride.*
(3) *Ælian. de animal. natur.*, lib. 2, cap. 38. (Voyez la note LXX)
(4) *Ælian de animal. natur.*, lib. 2, cap. 35.
    [LXXIII]

mens de l'ibis augmentant comme les eaux douces de l'inondation, il étoit très-simple d'en conclure, qu'ils devenoient plus rares ensuite, et précisément dans la proportion du décroissement de la terre féconde qui, après avoir eu sa surface complettement baignée par le fleuve, et s'être montrée dans toute son étendue, venoit enfin de plus en plus à se dessécher et à décliner; et comme il y avoit pour la terre une époque de grande aridité, il y en avoit une de grande abstinence pour l'ibis; abstinence que d'ailleurs rendoit indispensable son aversion pour toute autre contrée.

L'impression que produisoit nécessairement sur l'organisation de l'ibis ce défaut momentané de toute humidité, de toute subsistance, est comme indiqué dans un second passage d'Elien, où il est dit que les intestins de l'ibis se resserrent toujours au déclin de la lune, et jusqu'à ce que cet astre brille d'une nouvelle lumière (1).

Mais si l'ibis que ses habitudes soumettoient plus immédiatement que les autres oiseaux, soit à l'action de la terre féconde, soit à celle

______

(1) *Ælian. de animal. natur.*, *lib.* 10, *cap.* 29.
   [LXXIV]

de la lune (1), se ressentoit davantage de leurs variations successives, il obtenoit aussi du concours énergique de ces diverses influences de bien plus favorables effets. C'est peut-être pourquoi l'on a supposé à ses intestins cette excessive longueur de 96 coudées (2). C'est peut-être pourquoi l'on a dit que les ibis se perpétuoient sans accouplement, et qu'ils se fécondoient par le bec (5).

Elien écrit encore que l'ibis *façonne ses œufs en raison de la lune*, *c'est-à-dire*, *en autant de jours que la lune en met à parcourir ses phases* (4). J'avoue que ce dernier point me pa-

---

(1) Tous les anciens étoient si bien persuadés de l'influence de la lumière de la lune sur le développement des corps organisés, qu'il y a des auteurs tels que Pline, Macrobe, Proclus, etc., qui ont avancé que les plantes et les animaux croissoient et décroissoient sensiblement avec le disque lumineux de l'astre des nuits.

(2) *Ælian. de animal. natur.*, *lib.* 10, *cap.* 29.
    (Voyez la note XIII de la première section)

(5) *Aristot. de generat.*, *lib.* 3, *cap.* 6.
    Plin. Hist. natur., *lib.* 10, *cap.* 12. XV.
    Solin. Polyhist., *cap.* 35.
    Ælian de animal. natur., *lib.* 10, *cap.* 29.
      [LXXV]

(4) *Ælian. de animal. natur.*, *lib.* 2, *cap.* 38.
    [LXXVI]

roît exprimé dans un style trop obscur pour que je tente de le pénétrer.

Si je passe à Clément d'Alexandrie, auteur plus judicieux qu'Elien, j'observe que dans leurs banquets solennels, les Egyptiens de son tems avoient encore l'usage de faire apporter quatre idoles ou emblêmes, que l'on promenoit à l'entour des convives, et parmi lesquelles se distinguoient un épervier et un ibis. Suivant le sens qu'ils donnoient à ces choses, l'épervier représentoit le soleil, et l'ibis la lune, dont cet oiseau sembloit imiter les phases par le blanc et le noir de son plumage (1).

C'est à ces couleurs tranchées du plumage que Clément d'Alexandrie rapporte la cause du sens allégorique de l'ibis. Mais voici ce qu'il a dit, au sujet de l'épervier : « on regarde cet oiseau comme un symbole du soleil, parce qu'il est d'une complexion ardente, et qu'il possède éminemment la faculté de tuer ; car les Egyptiens attribuent au soleil les maladies contagieuses (2). » Si l'ibis étoit le symbole de la lune, c'étoit donc qu'il avoit aussi paru parti-

____

(1) *Clem. Alexand. Stromat., lib.* 5, *sect.* 7. [LXXVII]

(2) (Voyez la note **LXXVII**)

ciper des propriétés humides, tempérées et toujours salutaires de cet astre.

Qui ne voit, en effet, que l'un des deux cultes s'explique évidemment et nécessairement par l'autre? Je ne veux pas entrer dans le détail des habitudes de l'épervier (1) pour les comparer aux habitudes de l'ibis. J'observerai seulement que si l'on résume les plus connues de celles qui l'ont fait consacrer au soleil, on peut dire que c'est qu'au contraire de l'ibis qui fréquente sans cesse les lieux bas, et se plaît dans la fraîcheur et l'humidité, l'épervier se porte sur la cime inaccessible des rochers, dédaigne l'eau, ne s'abreuve que de sang (2), découvre au loin l'espace et le traverse en un clin d'œil (3), fixe intrépidement sa vue sur le soleil (4), s'en rapproche par un vol direct, prodi-

---

(1) *Falco communis. Linn.* Nota. Je pense que les Égyptiens ont honoré sous le nom d'épervier (en grec ιεραξ) plusieurs espèces d'oiseaux de proie; mais les vautours n'ont jamais été de ce nombre, quoique je l'aie dit expressément quelque part (Magaz. encyclop., tom. 5); c'est une erreur.

(2) *Ælian. de animal. natur.*, lib. 10, cap. 14.
    Horus Apoll., hieroglyph., lib. 1, cap. 6.

(3) *Plutarch. de Iside et Osiride.*

(4) *Ælian. de animal. natur.*, lib. 10, cap. 14.

gieux (1) , et dans sa vie aërienne semble se complaire vers la source de toute chaleur , de toute lumière.

Il me paroît donc certain que dans l'origine l'ibis fut honoré avec ce mélange de terre et d'eau qui produisoit tous les corps organisés, de même que l'épervier le fut avec le feu céleste (2) dont l'affluence modérée leur imprimoit le mouvement et la vie; que le premier devint l'oiseau d'Isis , lorsque le second fut celui d'Osiris (3), et qu'on voulut les considérer ensemble comme les représentans des deux principes dont on croyoit formée et entretenue toute la nature vivante.

Il paroît bien aussi que ces deux oiseaux qui devoient passer pour les plus nobles de tous , étoient en effet les plus respectés , les plus vénérés. Strabon les indique comme les seuls dont le culte fut admis par toute l'Egypte (4). Les éperviers , suivant Elien , étoient conservés et nourris avec faste dans des bois sacrés (5);

---

(1) *Ælian. de animal. natur. lib.* 10 , *cap.* 14.

(2) *Ælian. de animal. natur.* , *lib.* 10 , *cap.* 24.

(3) *Plutarch. de Iside et Osiride.*

(4) *Strab. Geograph.* , *lib.* 17. [LXXVIII]

(5) *Ælian. de animal. natur.* , *lib.* 7 , *cap.* 9.

les ibis se multiplioient jusques dans les sanc-
tuaires (1). Les monumens qui nous restent,
témoignent que ces oiseaux sont les seuls dont
on ait placé la tête sur le corps humain, pour
désigner des divinités ; et d'après ce qu'on lit
dans Hérodote, on peut juger que ce sont encore les seuls en faveur desquels la peine de
mort ait été irrévocablement portée contre le
meurtrier, même involontaire (2).

A ces prérogatives accordées par les hommes,
ces deux oiseaux réunissoient l'avantage naturel
d'une vie excessivement longue. On prétendoit
que la vie de l'épervier pouvoit s'étendre jusqu'à sept cents ans (3). Je ne sais si celle de
l'ibis étoit regardée comme illimitée ; mais,

----

(1) Voyez les peintures d'Herculanum, tom. 2, pl. 59
et 60.

(2) *Herodot. Hist. Euterp.*, cap. 65. [LXXIX]
   Diodor. Sicul. biblioth., lib. 1, cap. 55.
   Cicer. Tuscul. quæst., lib. 5, *de virt. et vit. beat.*,
      n°. 27 : *et de natur. deorum*, lib. 1, n°. 29 ; *et*
      lib. 3, n°. 19.

(3) *Ælian. de animal. natur.*, lib. 10, cap. 14.

Nota. Je pense que ce nombre de 700 années étoit symbolique.

(au rapport d'Apion), les prêtres d'Hermopolis lui firent voir un de ces oiseaux en at-
testant qu'il étoit immortel.

(1) *Apion apud Ælian. de animal. natur.*, *lib.* 10,
cap. 29. [LXXX]

§. XII.

L'Ibis consacré à Mercure.

« J'ai appris , dit Socrate dans le *Phœdrus* , qu'il avoit existé près de *Naucratis* en Egypte un ancien dieu auquel on a dédié l'ibis. Ce dieu porte le nom de Thoth (1). » Les Grecs distinguent peu Thoth de leur *Hermès* , et les Latins , de leur *Mercure*.

Plutarque (2) , Elien (3) , Horus Apollo (4) , et d'après eux Kircher (5) assurent aussi que l'ibis étoit consacré à Mercure , et qu'il représentoit souvent soit Mercure lui-même , soit quelque attribut propre à ce dieu. Or ce dieu

---

(1) *Socrates in Phœdro Platonis.* [LXXXI]

(2) *Plutarch. moral. Symposiacon, lib.* 9. [LXXXII]

(3) *Ælian. de animal. natur.*, *lib.* 10 , *cap.* 29. [LXXXIII]

(4) *Horus Apoll.*, *hieroglyph.*, *lib.* 1 , *cap.* 10 *et* 36. *Pier. Valerian. Comm. hieroglyph.* , *lib.* 17 , *cap.* 19. [LXXXIV]

(5) *Kirch. obelisc. Pamph.*, *lib.* 4 , *hierogram.* 14 , *pag.* 325 *et* 326. — *Ædip.*, *tom.* 1 , *pag.* 15 , *et tom.* 2, *pars* 2, *pag.* 213, 215 , *etc.* [LXXXV]

Mercure (1) n'a jamais été autre chose qu'une très-grande et très-brillante étoile (2) divinisée et adorée en Egypte où elle étoit appelée Thoth ou Thaaut, Caleb, Anubis, chien ou aboyeur, parce que dans des tems très-anciens, par son lever du soir (3), et depuis par son lever du matin (4), elle sembloit venir régulièrement annoncer l'inondation (5, ce qui lui avoit mérité beaucoup d'autres dénominations égyptiennes dont la plupart signifioient astre d'Isis ou d'Osiris, astre - Nil, astre qui fait épancher les eaux du Nil (6). Pluche a même prétendu que c'étoit d'après l'ancien mot de Sihor

---

(1) Il n'est ici question que du Mercure égyptien.

(2) Pluche, Histoire du ciel, tom. 1, liv. 1, chap. 1, n°. 7, et chap. 2, n°. 25.
Dupuis, Origine de tous les cultes, tom. 3, part. 2, liv. 4, chap. 1, pag. 808, etc.

(3) Dupuis, Origine de tous les cultes, tom. 6, part. 1, pag. 459.

(4) Pluche, Histoire du ciel, tom. 1, liv. 1, pag. 39.

(5) *Plutarch. moral. de Iside et Osiride.*
Ælian. de anim. natur., lib 10, *cap.* 45.
Horus Apoll., hieroglyph., lib. 1.
Kirch. obelisc. Pamph., lib. 4, *cap.* 5, *p.* 295.

(6) Ὑδραγωγὸς *en grec. Plutarch. moral. de Iside et Osiride.*

(ou Siris), Nil , que nous avions donné à cette belle étoile le nom de Sirius (1).

En examinant le petit zodiaque du temple de Dendera , la vue se fixe bientôt sur une étoile beaucoup plus grande que les autres. La figure symbolique qui l'accompagne , paroît singulièrement remarquable. C'est une longue couleuvre aquatique à replis multipliés ; sa tête droite et élevée est décorée des marques de la fécondité, de la puissance, de l'immortalité, etc. ; mais rien ne ressemble moins à la tête d'une couleuvre ; c'est celle de l'ibis , et l'étoile correspond parfaitement à notre Sirius (2). On ne demandera pas l'explication de cet emblême dont le sens doit paroître clair.

Les mythologistes modernes ne doutent point qu'Isis et Osiris ne fussent quelquefois représentés avec une tête d'ibis(3). Kircher croyoit au contraire que la tête de l'ibis placée sur le corps humain indiquoit toujours Mercure ou la divinité de la substance humide (4).

---

(1) Pluche , Histoire du ciel, tom. 1 , liv. 1 , pag. 40.

(2) Note communiquée par M. Jomard aîné , membre de la commission des sciences et arts.

(3) Pluch. Hist. du ciel , tom. 1 , pag. 343, fig. Peintures d'Herculanum, tom. 2 , pag. 309, not. 4.

(4) *Kirch. Œdip.*, tom. 3, *pag.* 96. — *Obelisc. Pamph.*

Un fait qui semble témoigner en faveur de l'opinion de Kircher, c'est que le dieu ibicéphale ou à tête d'ibis, gravé sur la table isiaque que chacun peut consulter (1), c'est, dis-je, que ce dieu a pour coiffure des symboles absolument semblables à ceux que porte sur sa tête la couleuvre ibicéphale du petit zodiaque de Dendera, couleuvre qui est bien certainement le génie de Sirius.

Sur ce petit zodiaque de Dendera, l'on voit encore sous le capricorne un homme à tête d'ibis qui du doigt désigne les étoiles de cette constellation ; et nous savons en effet qu'à l'époque où remonte l'institution du zodiaque égyptien, le soleil se trouvoit dans le signe du capricorne au solstice d'été, marqué par le lever du soir de Sirius (2). Observation qui rappelle que dans le planisphère des génies le capricorne est conduit en lesse par Mercure.

Comme dans le principe, l'année des Egyptiens s'ouvroit au solstice d'été (3), c'est-à-dire,

---

lib. 4, hierogram. 14, pag. 326 et 327.

[LXXXVI]

(1) Voyez d'ailleurs les planches publiées par Pignorius.

(2) Dupuis, Origine des cultes, tom. 6, part. 1, Mém. sur les constellations.

(3) *Ptolem. tetrab., lib. 2, cap. 10.*

avec l'inondation, le premier mois fut dédié à Mercure, et prit le nom de Thoth (1). Voilà pourquoi Martianus Capella unit l'ibis au signe de la vierge (2) ; car de son tems le mois Thoth répondoit à ce signe. Ce fut donc dans ce même mois Thoth, que Mercure vint triompher avec Osiris (3) dont il étoit l'aide et le ministre. Il étoit aussi le fidèle gardien d'Isis ; car, suivant Plutarque, la molle influence de la lune a fait dire qu'elle étoit dirigée par Mercure (4). Macrobe rapporte que l'élément de l'eau fut confié à ce dieu (5). Ses fonctions, dit Kircher, étoient de rassembler les vapeurs, de les condenser et de les résoudre en pluie, pour procurer à l'Egypte l'inondation (6). Dans la suite, le culte de Mercure fut associé à celui de Sérapis, divinité qui présidoit à la végétation

---

(1) Pluche, Histoire du ciel, tom. 1, liv. 2, pag. 280.

(2) *Martianus Capell., de nupt. phil., lib. 2, cap. 2.*

(3) *Plutarch. moral. de Iside et Osirids.*

(4) *Id. ibid.*
  Ibis intelligentiam lunarem notat. Kirch. Œdip. tom. 3, pag. 147.

(5) *Macrob. in somn. Scip., lib.* 1, *cap.* 11.

(6) *Kirch. Œdip., tom.* 2, *pars* 2, *sect.* 4, *pag.* 155 (Voyez la note LXVII).

dont se couvroit la terre , pendant que le soleil parcouroit les signes inférieurs (1) , divinité qui protégeoit les hommes et contre les maladies contagieuses (2) , et contre les reptiles venimeux ; dieu bienfaisant , auquel on avoit consacré ces serpens doux et innocens aimés de Thoth (3) et désignés sous le nom commun d'agathodæmon ou de bon génie (4) , dénomination également accordée à l'ibis (5). Ne seroit-ce point pour de semblables raisons , que dans le planisphère des génies (6) , l'ibis et le chien sont posés sur un arbre dans la division de la vierge céleste , ancien symbole des récoltes ou des moissons ?

Quoi qu'il en soit , il paroît que la puissance de Mercure étoit quelquefois balaucée par celle d'un génie qui vouloit mêler quelques maux à

---

(1) Voyez Jablonski.
(2) *Strab. Geograph.*, *lib.* 17.
  Cornel. Tacit., *Hist.*, *lib.* 4 , *cap.* 84.
  Aristid. orat. in Serapim.
(3) *Sanchoniaton apud Euseb. præparat. evangel.*
  Ælian. de animal. natur., *lib.* 8 , *cap.* 12.
(4) *Plutarch. moral. in amat.*
(5) *Kirch. obelisc. Pamph.*, *lib.* 2 , *cap.* 6.
(6) *Kirch. Œdip. tom.* 2 , *pars* 2 , *Hémisph. Boréal.* , *n.* 12 , *p.* 206. [LXXXVII]

tant de biens. Ainsi , par exemple , lorsque l'on considère la suite des tableaux qui ornent l'intérieur du petit temple d'Hermontis , tableaux où l'ibis est souvent figuré , l'on voit un génie hideux qui tourne le dos à un obélisque et à un sistre d'Isis. Ce malfaisant génie prend une posture lascive et lance un fort jet de semence qui se répand à côté d'un ibis. Mais plus loin , l'œil d'Osiris paroît ; aussitôt le génie reste impuissant.

§. XIII.

Suite des rapports de l'Ibis avec Mercure.

Selon Clément d'Alexandrie, l'ibis aux yeux de quelques Egyptiens désignoit le zodiaque; ils pensoient que c'étoit l'ibis parmi les animaux, comme le zodiaque parmi les cercles, qui les avoit particulièrement initié dans la science des nombres et des mesures (1).

Les Grecs attribuoient aussi leurs premiers progrès dans cette science aux leçons du zodiaque; Platon en donne tout l'honneur au soleil et à la lune (2), pour faire entendre que ces deux astres divisant le tems absolu en jours, mois et années, c'est-à-dire, en diverses périodes assez faciles à saisir, l'idée de nombre et de proportion dut naturellement commencer à s'introduire dans l'esprit de l'homme par le seul aspect de ces mêmes périodes.

Cependant, en Egypte, tandis que les astres qui dispensoient la lumière, traçoient aux

---

(1) *Clem. Alex. stromat.*, *lib.* 5, *s.* 7. [LXXXVIII]
(2) *Plat. in Tim.*

hommes dans les cieux les principes de la mesure et du calcul , le Nil en se débordant
les forçoit en quelque sorte de les conqué-
rir eux-mêmes soit aux cieux , soit sur la
surface de la terre ; car d'abord ce grand phénomène qui faisoit des Egyptiens un peuple
agriculteur , les mettoit dans la nécessité de se
partager entre eux leur terre natale , opération
plus indispensable encore dans un pays où la
terre cultivable a des bornes , où , malgré sa
prodigieuse fécondité , elle est peu fertile par
elle-même , où il faut semer pour beaucoup
recueillir et pour qu'une population nombreuse
puisse se maintenir ; ensuite il falloit qu'ils de-
vinssent habiles dans l'art de l'arpentage , parce
que tout le pays n'offroit à l'œil qu'un terrein
plat et uniforme , sans points saillans qui pussent
servir de limites naturelles , et que d'un autre
côté l'inondation dérangeoit très-souvent les
limites factices posées de main d'homme (1). Et
de combien d'autres efforts ces premiers succès
n'ont-ils point dû être suivis ? Avec quelle per-
sévérance ne fallut-il point étudier les mouve-
mens célestes pour se former un calendrier qui
réglât très-exactement l'ordre des saisons et la

---

(1) *Diodor. Sicul. Biblioth. hist. , lib.* 1 *, cap.* 55.

succession des travaux ! Les anciens Egyptiens avoient donc reçu de l'inondation les principales leçons de cette science que les autres peuples ne tenoient que des astres ; ils les avoient donc reçues, quoique moins directement, de tous les êtres naturels qui paroissoient provoquer cette inondation, ou l'accompagner et la suivre dans ses progrès ; ils les avoient donc reçues de l'ibis, ou du moins ils devoient le dire, comme nous voyons qu'en effet ils l'ont publié. Il est même assez vraisemblable qu'ils auront pris dans cet oiseau l'élément de leur mesure agraire, puisque Elien écrit que les pas de l'ibis sont précisément d'une coudée (1).

Voilà, selon moi, comment l'ibis avoit autrefois enseigné la science des nombres et des mesures aux Egyptiens ; mais les conjectures que j'ai données sur ce point, peuvent être prouvées par un fait positif et indépendant de tout raisonnement ; car, en Egypte, l'invention de la géométrie fut bien moins attribuée au soleil et à la lune, qu'à un astre infiniment plus petit, à une simple étoile extrazodiacale, en un mot, qu'à ce Sirius désigné comme le moteur des eaux. Nous avons ci-devant observé que

____

(1) *Ælian. de animal. natur.*, *lib.* 10, *cap.* 29.

[LXXXIX]

Sirius étoit le dieu connu sous les noms de Thoth et de Mercure. Or, à l'exception du labourage et de la culture de la vigne, du bled, de l'orge, etc., que les hommes devoient à Osiris, il n'y avoit presque point d'arts, de sciences que Mercure n'eût inventés (1). Législateur des Egyptiens, il les avoit rassemblés encore épars et sauvages, et au moyen de tant de belles et utiles connoissances qu'il leur avoit transmises, il en avoit fait le peuple le plus sage et le mieux policé de l'univers. On disoit de plus que, pour les civiliser, il étoit descendu des cieux, et qu'il s'étoit manifesté sous une nouvelle forme. Mais quels traits Mercure avoit-il donc alors choisis ? précisément ceux de l'ibis (2).

> Ὦ Ἑρμῆς Ἰβίμορφε
> Ἀρχηγὸς ὁδοιο
> Συγραμμάτων γενητωρ
> Μιξήσεως τί πασης (3).
>
> *Pherecides in hymno Mercurii.*

---

(1) *Diodor. Sicul. biblioth. hist.*, lib. 1, cap. 8.

(2) *Abenephi de cultu Ægypt. et Kircher obelisc. Pamphil.*, lib. 4, hierogram. 14, pag. 324, 325. [XC]

(3) *O Hermes ibiformis, dux cordis, tu litterarum, tu totius mensuræ auctor.*

Ainsi, sous la forme de l'ibis, Mercure apprend aux Egyptiens l'arithmétique, l'arpentage, et développe ensuite devant eux les problêmes les plus compliqués de la géométrie (1).

Sous la forme de l'ibis, il leur fait observer le cours et la position des astres ; et les instruit à tirer de cette science sublime l'art de lire dans l'avenir (2).

Sous la forme de l'ibis, il leur enseigne la musique ou comment se composent d'harmonieux accords ; il leur fait présent de la lyre à laquelle il a mis trois cordes par allusion aux trois saisons de l'année (3).

Sous la forme de l'ibis, il leur dévoile les propriétés secrètes des élémens et de tous les

----

(1) *Socrates in Phædro Platonis.*

   Kirch. obelisc. Pamphil., lib. 2, cap. 10, p. 167.

   (Voyez la note LXXXI)

(2) *Socrates in Phædro Platonis.*

   Diodor. Sicul. Biblioth. hist., lib. 1, cap. 8, et 53.

   Clem. Alexand. Stromat., lib. 6.

   Kirch. obelisc. Pamphil., lib. 2, cap. 10, p. 167, et lib. 5, p. 477.

(3) *Diodor. Sicul. Biblioth. hist., lib. 1, cap. 8.*

   Kirch. obelisc. Pamphil., lib. 2, cap. 10, pag. 167.

   Nota. Les cordes de la lyre de Mercure étoient, comme l'on sait, autant de nerfs arrachés à Typhon.

corps naturels, et leur montre les avantages qui résultent de ces connoissances pour le traitement des maladies (1).

Sous la forme de l'ibis, il propose pour jeux la lutte, la danse, etc., faisant concevoir combien ces exercices donnent au corps humain plus de force et de grâce (2).

Sous la forme de l'ibis, il démontre la nature des dieux, établit un culte, institue des cérémonies religieuses, et fait élever des monumens sur lesquels ses loix et ses découvertes sont gravées en caractères sacrés (3).

Comme la faculté de communiquer ses idées est le premier lien de toute société, Mercure, sous la forme de l'ibis, impose aussi des noms à tous les objets, invente ou perfectionne tous les signes symboliques, et fait de dialectes incertains et grossiers une langue pure, exacte et harmonieuse (4). On le vénère donc sur-tout

---

(1) *Clem. Alexandr. Stromat.*, lib. 6.
　　Kirch. obelisc. Pamphil., lib. 4, hierogram. 14,
　　　　pag. 324.
(2) *Socrates in Phædro Platonis.*
　　Diodor. Sicul. Biblioth. hist., lib. 1, cap. 8.
(3) *Diodor. Sicul. Biblioth. hist.*, lib. 1, cap. 8.
　　Clem. Alexandr. Stromat., lib. 6. — *Etc.*
(4) *Socrat. in Phædro Platonis.*

comme le dieu qui préside au langage et qui inspire tous les genres d'éloquence (1). On lui a dédié le premier hiéroglyphe qui porte son nom de Thoth, et que l'on figure, dit Plutarque, en peignant un ibis (2).

Et lorsque Mercure prend la forme de l'ibis, non-seulement il protège et civilise les hommes, mais encore il triomphe du cruel Typhon leur ennemi et le sien. Ainsi, nous lisons dans Hygin, Antonin et autres, que lorsque les dieux poursuivis en Egypte par ce Titan formidable se transformèrent en différens animaux, Mercure, pour échapper au danger qui le menaçoit, se changea en ibis (3).

Au reste, depuis ces tems, et quoiqu'il en ait été des révolutions célestes (car il a dû s'écouler des milliers de siècles, sans que son

---

Sanchoniaton apud Euseb. præparat. evangel.
Diodor. Sicul. Biblioth. hist., lib. 1, cap. 8.
Kirch. obelisc. Pamph., lib. 2, cap. 6, pag. 126.

(1) *Ælian. de anim. natur.*, lib. 10, cap. 29.
Horus Apoll., hieroglyph, lib. 1, cap. 36.

(2) *Plutarch. opuscul. Symposiacon*, lib. 9. [XCI]

(3) *Hygin. Poet. astronom.*, lib. 2, cap. 28.
Antonin. Liberal. transform. synagog., cap. 28.
Ovid. Metamorph., lib. 5, vers. 331. [XCII]

étoile vînt annoncer l'inondation), Mercure conservant la figure de l'ibis , n'a pas cessé de veiller sur l'Egypte (1) , soit pour en détourner de pernicieuses influences (2) , soit pour l'éclairer sur l'avenir, et maintenir en vigueur ses sages institutions.

Sous tant de traits communs à l'ibis et à Mercure, on voit toujours l'oiseau vénéré avec l'étoile , parce que , comme l'étoile , il s'associe à ce mouvement périodique des eaux qui faisant vivre les hommes au sein d'une nature abondante, les a toutefois obligés d'y puiser par l'observation les loix , les sciences , les arts ; toutes choses si nécessaires pour prévoir ce même phénomène , en bien diriger les effets , et jouir pleinement et constamment de tous les dons du fleuve.

---

(1) *Kirch. obelisc. Pamphil.*, *lib.* 4, *hierogram.* 14, *pag.* 324. (Voyez la note XC)

(2) *Id. Œdip.* , *tom.* 2 , *pars* 2 , *pag.* 213, *etc.* (Voyez la note LXVIII)

§. XIV.

Continuation du même sujet.

Un oiseau qui se montroit par-tout où il y avoit des eaux douces et salutaires ; un oiseau qui accompagnoit fidèlement Isis , et qui s'associoit toûjours au triomphe de Mercure ; un tel oiseau devoit avoir encore quelques qualités mystérieuses qui l'eussent rendu plus cher à ces deux divinités. Les Egyptiens ont voulu les deviner ; et l'on peut croire que sur ce point leurs conjectures ont beaucoup varié.

Cependant, leur attention paroît s'être particulièrement portée sur l'opposition des couleurs qu'offre le plumage de l'ibis blanc (1) , car en faisant contraster la couleur blanche avec la noire, les Egyptiens quelquefois peignoient allégoriquement la puissance de deux principes de nature diverse ; par exemple , du principe mâle et du principe femelle ; du principe de lu-

____

(1) *Plutarch. moral. de Iside et Osiride.*
    Clem. Alexandr. Stromat. , *lib.* 5, *sect.* 7. (Voyez la note LXXVII, et ci-devant sect. 1ᵉʳ., note VII)

mière et du principe de ténèbres , etc. Il résulte
de là néanmoins qu'ils ont pu voir sur le plumage de l'ibis blanc l'image d'Isis et d'Osiris,
du limon et des eaux , comme ils y ont vu celle
de la lune obscure et de la lune lumineuse. Il
y en a eu même qui ont pensé que dans un oiseau si cher au dieu des orateurs , le contraste
des couleurs ne pouvoit être qu'un emblème
du discours ; et ceux-là ont comparé les plumes
noires aux pensées encore intérieures et secrètes ,
et les plumes blanches aux pensées déja confiées
à la parole , et transmises aux auditeurs avec
ordre et clarté (1). Mais de combien d'interpré-
tations plus subtiles encore ce même contraste
n'étoit-il pas susceptible , puisque , pour exprimer la différence infinie des fonctions dévo-
lues à Mercure , on lui a quelquefois donné
des vêtemens blancs et noirs (2) !

Horus Apollo , après avoir écrit que l'ibis est
le symbole du cœur humain , parce que Mercure,
auquel on l'a consacré est le dieu qui protège
et dirige le sentiment et la pensée , Horus ,
dis-je , ajoute que l'imagination des Egyptiens

____

(1) *Ælian. de animal. natur.*, lib. 10., cap. 29.
    [XCIII.]

(2) Voyez Lucien et autres.

s'est beaucoup exercée sur la ressemblance singu-
lière qui se trouve en effet entre l'ibis et un
cœur (1) : nous savons par Elien que c'étoit
lorsque l'ibis retiroit la tête et le cou dans son
plumage qu'on le comparoit au cœur pour la
figure (2).

Si l'on consulte Plutarque, ce n'est plus par
sa forme que l'ibis a quelque rapport avec le
cœur humain ; seulement les Egyptiens ont
observé que le poids du jeune ibis, au sortir de
l'œuf, étoit de deux drachmes, et parfaitement
égal au poids du cœur dans un enfant qui vient
de naître (3).

D'autre fois, l'on croyoit appercevoir dans
l'ibis quelque chose d'analogue à la configuration de l'Egypte. Ainsi, Plutarque (4) rapporte
que l'on considéroit les deux jambes de l'ibis

---

(1) *Horus Apoll., Hieroglyph.*, *lib.* 10, *cap.* 36.
      [XCIV]

(2) *Ælian. de anim. natur.*, *lib.* 10, *cap.* 29. [XCV]

(3) *Plutarch. moral. Symposiacon.*, *lib.* 4. [XCVI]

NOTA. *Gaudentius Merula* suppose que, dans l'ibis,
le cœur présente un volume très-considérable, relativement
à celui des autres viscères. *lib.* 3 *memorab.*, *cap.* 50.

(4) *Plutarch. moral. de Iside et Osiride ; et de symposiacon*, *lib.* 4. (Voyez la note VIII de la première section)

et son bec comme pouvant former les trois côtés d'un triangle équilatéral (1). D'autres disent que dans sa marche, ses jambes faisoient également avec la terre un triangle (2) et Kircher, d'après quelques autorités, prétend que celui-ci fut un des caractères alphabétiques inventés par Mercure (3). Les Egyptiens, suivant lui, donnèrent à cette lettre le nom *delta*, qu'elle a conservé, et qui, dans leur langue, signifioit *bon champ*, parce que c'étoit en la traçant que le Nil avoit formé cette fertile province que nous nommons aussi *Delta* (4).

Quoi qu'il en soit, on ne voit pas qu'aucune de ces relations imaginaires aient été supposées dans l'ibis noir ; et je me rappelle, à ce sujet, que, lorsque j'ai examiné ce grand nombre

---

(1) Le triangle céleste a souvent reçu les noms de *Nilus* et d'*Ægyptus*.

(2) *Pier. Valerian. Hieroglyph.*, lib. 17, cap. 18, et lib. 47.

(3) *Kirch. Œdip. tom.* 3, diatrib. 2, pag. 43. — *Obelisc. Pamphil.*, lib. 2, cap. 6, pag. 126, et lib. 4, hierogram. 14, pag. 325.

(4) Kircher a de plus cherché à prouver que les six premières lettres de l'alphabet Egyptien avoient été figurées d'après les six attitudes principales de l'ibis. Je renvoie à ses ouvrages les lecteurs qui seroient curieux de connoître les rêveries qu'il débite sur ce sujet.

d'ibis gravés en Egypte sur tous les temples, particulièrement sur ceux de Mercure, j'ai constamment trouvé que l'ibis blanc étoit représenté beaucoup plus souvent que le noir. Malgré la ressemblance de ces deux oiseaux, le dernier se distingue à la forme pointue de ses ailes, dont l'extrémité se détache bien de la queue, tandis que, dans l'ibis blanc, cette extrémité est épaisse, obtuse, et se confond avec la queue. L'ibis noir dont on a calqué la figure (voyez planche 6) a de plus sur la tête une sorte de coiffure symbolique qui le feroit prendre, au premier coup d'œil, pour la huppe ou pour tout autre oiseau, si sa forme et ses proportions permettoient de le méconnoître.

Seroit-ce à ces petits attributs extérieurs qui se prêtoient à des comparaisons ou à des symboles ? Seroit-ce, au contraire, à une répugnance plus marquée pour les eaux salées ou impures, à une arrivée plus hâtive, et même à quelque facilité exclusive de s'apprivoiser, de devenir sédentaire, et de supporter les chaleurs d'une saison brûlante, que l'ibis blanc doit d'avoir été l'objet d'une plus grande prédilection ?

Il n'est pas impossible que ces deux causes générales y aient également contribué. Mais combien la dernière ne me paroît-elle pas plus certaine, quand j'observe que l'ibis blanc arrive plus d'un mois avant l'autre, et précisément au solstice d'été, qu'il repart aussi plutôt ; et que d'un autre côté, l'espèce semble particulière aux climats du midi, puisqu'elle ne pénètre point dans nos régions septentrionales, et qu'elle n'a même encore été rencontrée dans aucune des parties tempérées de l'Europe.

Je suis persuadé que les ibis blancs étoient les seuls qui fussent habitués et fixés en nombre dans l'enceinte des cités. On ne peut inférer rien autre chose du passage d'Hérodote que Buffon a traduit en latin et littéralement par *quæ pedibus hominum observantur sæpiùs* (1) (celles qu'on rencontre à chaque pas). Ce sont des ibis blancs qui ont été représentés sur la mosaïque de Palestrine, où on les voit grouppés sur des bâtmiens (2). Ce sont des ibis blancs que les peintures d'Herculanum (3) nous offrent marchant sur les parvis des temples. Ce sont encore des ibis blancs dont on a découvert tant de momies à Thèbes, et tant sur-tout dans les

---

(1) Buffon, Hist. natur., Oiseaux, tom. 8.

(2) Consultez les *pitture antiche di Petro S. Bartholi*, qui représentent la Mosaïque avec ses couleurs.

(3) Les *pitture antiche d'Erculano*, tom. 2, pag. 309 et 315, tab. 59, et pag. 517 et 321, tab. 60.

puits de Saccara ; car je ne connois que
M. Olivier qui pense avoir retiré de ces puits
notre ibis noir ; mais même en adoptant ce
fait qui a besoin de confirmation (1), la quantité bien autrement considérable des ibis blancs
qui s'y trouvent, témoigneroit assez qu'on élevoit
ceux-ci de préférence, puisqu'on avoit si souvent l'occasion d'en recueillir et d'en embaumer
les corps.

Je conviens que Strabon en parlant des ibis
qui remplissoient les rues et les places publiques
d'Alexandrie, assure que de son tems on en
voyoit de deux sortes, savoir, de blancs et noirs
comme la cicogne, et de tout noirs (2) : toutefois,
cet endroit de Strabon fourmille déja de tant
d'erreurs avérées, qu'à mon avis, l'on n'en sauroit rien conclure.

Demandera-t-on comment dans une ville
placée entre la mer et le désert, les ibis s'étoient
multipliés à ce point ; ou pourquoi ces oiseaux,
dont, après tout, le produit seroit utile, en

---

(1) L'action du bitume employé trop chaud donne
presque toujours au plumage de l'ibis blanc une couleur
noirâtre et brillante avec des reflets métalliques fort semblables à ceux que l'on voit éclater sur le plumage de
l'ibis noir. L'oiseau que M. Olivier m'a fait voir, étoit
un ibis blanc qui avoit subi ce genre d'altération.

(2) *Strab. Geograph.*, *lib.* 17. [XCVII]

ont disparu ? Des difficultés de ce genre s'ex-
pliqueront aisément , pour peu que l'on compare la ville moderne à cette ancienne cité ,
entourée de campagnes fertilisées , et dans laquelle des eaux abondantes étoient amenées et
entretenues toute l'année (1). Aucune autre circonstance ne pouvoit favoriser davantage la pro-
pagation des ibis , qui se livroient à toutes
leurs habitudes et pourvoyoient eux-mêmes à
leur subsistance ; car ces oiseaux erroient libre-
ment et en tous lieux , si bien que, comme le dit
Elien , pour mettre leurs petits à l'abri de l'as-
saut des chats , ils posoient leur nid au sommet des palmiers (2).

D'ailleurs , Alexandrie étoit le chef-lieu du
Nôme Racotis qui avoit été mis sous la protection spéciale de Mercure (3) , et l'on ne peut
douter que dans tous les lieux dévoués au culte
de ce dieu , l'on ne prit des soins particuliers
pour rassembler les ibis , les conserver et multiplier. Apion nous a déjà fait assez comprendre
à quel point ils devoient être honorés dans les

---

(1) Strabon, Abulfeda , etc.

(2) *Ælian. de animal. natur.* , *lib.* 10 , *cap.* 29.
   Phile de propriet. animal. , *cap.* 16 , *de Ibi.*
   [XCVIII]

(3) *Kirch. Œdip.* , *tom.* 1 , *pag.* 15. [XCIX]

deux Hermopolis. Hérodote assure qu'on les y transportoit de toutes parts après leur mort(1); et des critiques éclairés (2) observent à ce sujet, que la Mansion *ibeum*, située près de l'Hermopolis de la Thébaïde, paroît avoir pris son nom propre des momies d'ibis qu'on venoit y déposer (3). Enfin l'on sait que les fameuses catacombes, connues maintenant sous le nom de *puits des oiseaux* (4), faisoient partie du cime-

----

(1) *Herodot. Hist. Euterp.*, *cap.* 67. [C]

(2) MM. Wesseling et Larcher. Voyez Histoire d'Hérod., tom. 2, pag. 289, note LXVIj.

(3) *Benefactorum ibidis in gratiam propè Hermopolin mansio fuit*, *quæ ab ibide nomen duxit. Pignor. Mens. Isiac. exposit.*, *pag.* 78.

(4) J'ai été visiter ces catacombes le 26 frimaire de l'an 8, avec le général Dugua, quelques militaires, et la plupart des membres de la commission des sciences et arts. Nous avons quitté, le matin, les pyramides de Gyzeh, et nous dirigeant vers le sud, nous sommes entrés dans une plaine qui nous offrit le spectacle curieux d'une étendue de près de douze lieues de circonférence consacrée à servir de cimetière à la seule ville de Memphis. Le terrein de cette plaine, assez ferme, quoique sabloneux, est parsemé de quelques petites plantes, couvert de cailloux, et d'espace en espace jonché de briques, de fragmens de vases, et d'ossemens. Il a généralement peu d'épaisseur, et il repose immédiatement sur le rocher dans lequel les catacombes ont été creusées. Comme il y

tière de Memphis, ville célèbre par les honneurs qu'elle rendoit à Sérapis et à Mercure.

Il ne paroît pas que le culte de l'ibis se soit étendu au-delà de l'Egypte, quoique l'ibis noir, comme je l'ai fait observer, porte ses migrations dans des régions très-éloignées sur l'ancien continent, et que l'ibis blanc étant aussi de passage, doive également se trouver dans plusieurs contrées, et se répande peut-être du

---

avoit un puits d'ouvert, nous avons pu descendre, et essayer de parcourir quelques-unes de ces vastes galeries souterraines ; nous avons pénétré dans des chambres où l'on voyoit encore un très-grand nombre de pots rangés avec ordre les uns sur les autres. Ce sont ces pots qui contiennent chacun une petite momie. Ils ont depuis douze jusqu'à dix-huit pouces de hauteur. Ils sont d'une terre rouge, grossière, ordinairement très-cuite ; ils ne laissent appercevoir à l'extérieur aucune trace de leur haute antiquité. La forme de chaque pot est celle d'un cône dont le sommet seroit très-obtus ; l'ouverture du pot, qui est en même tems la base du cône, se trouve fermée par un couvercle de même matière : celui-ci est convexe, et fixé au moyen d'un ciment grisâtre. Je ne m'attacherai point à faire connoître les catacombes elles-mêmes, à décrire la forme des chambres, des galeries et des puits, ni leur disposition respective, disposition qui me paroît cependant très-régulière, à certains égards. Le public aura bientôt sur ces objets des détails plus exacts et beaucoup plus complets que ceux que je pourrois lui donner,

centre de l'Asie méridionale (1), jusqu'aux extrémités de l'Afrique où le place Strabon (2). Aujourd'hui même l'on chercheroit en vain quelques traces de ce culte dans son ancienne patrie (3). Il en a disparu avec la religion primitive, ou plutôt avec les vrais habitans, et pour l'y reproduire, il faudroit que les Egyptiens actuels remontassent au point d'où les autres étoient partis, c'est-à-dire, que l'espèce humaine si avancée dans sa carrière revînt au siècle de sa jeunesse, ce qui est former une supposition impossible. Ces deux faits seront les derniers que je consignerai dans cet ouvrage, et les dernières preuves que j'apporterai à l'appui

---

(1) Si l'on en croit quelques Egyptiens, l'ibis passe le printems dans l'Irak. Il est vrai qu'ils en disent autant de presque tous les oiseaux.

(2) *Strab. Geograph. lib.* 17 (Voyez la note XII de la première section.)

(3) Paw. (Recherches philosophiques sur les Egyptiens, tom, 2, pag. 121) prétend, à la vérité, le contraire ; et, à cet égard, il paroît avoir été trompé par un passage de Prosper Alpin (Voyez la note V de la première section) que Savary a même reproduit en français, mot pour mot. « Les Egyptiens modernes, dit ce dernier, ont conservé un reste de l'antique vénération qu'on avoit pour l'ibis, la grue et la cigogne. Ils ne tendent point pour elles leurs filets, etc. » Lettres sur l'Egypte, tom. 2, pag. 46.

de mon sentiment ; car lorsque , par la nature
même de son origine , et par la force des événemens qui se sont succédés , le culte de l'ibis
ne pouvoit naître qu'en Egypte , et devoit s'y
éteindre , celui des oiseaux vraiment utiles, tels
que le corbeau , le milan , le vautour , etc. ,
non-seulement s'est établi dans presque toute
l'Asie , l'Afrique , et jusques dans notre Europe ,
mais quoique dégénéré de ce qu'il étoit , s'y
maintient encore , paroissant ainsi résister autant que nous à l'action des siècles.

§. XV.

Conclusion.

Il résultoit de l'exact exposé de mes recherches sur l'organisation et les mœurs des deux espèces d'ibis, que ces oiseaux ne détruisant point les serpens, leur culte, contre l'opinion commune, tiroit son origine de l'exercice de quelqu'autre faculté. Le pouvoir de se rendre en Egypte dans la saison des vents étésiens, et comme pour peupler les eaux destinées à ranimer la nature vivante, devoit seule être cette importante faculté que je cherchois. Avancer toutefois un tel sentiment, sans rejeter aucune des inductions anciennes, c'étoit m'engager à faire voir que l'homme substituant l'accessoire à la vraie cause, avoit attribué à l'ibis des effets exclusivement dus aux débordemens du Nil. Il m'a paru possible de le démontrer sans replique par la simple analyse des faits historiques connus. Le lecteur jugera si j'ai réussi.

FIN.

NOTES

DE LA SECONDE SECTION.

[I] *Mansuetissima est ibis.* Strab. geograph., p. 825.

Ibes autem sunt valdè mansuetæ, et generi tantùm serpentino feroces. Joseph. Antiq. judaic., p. 127.

Inter ægyptias alites, quarum varietas nullo comprehendi numero potest, ibis sacra est et amabilis, et innocua..... Ammian. Marcell., pag. 337.

[II] *Est autem Arabiæ locus, ad Butum urbem ferè positus : ad quem locum ego me contuli inquirens de serpentibus. Eo quùm perveni, ossa serpentum aspexi et spinas, multitudine suprà modum ad enarrandum; spinarum quippe acervi erant etiam magni, et his alii atque alii minores, ingenti numero. Est autem hìc locus, ubi spinæ effusæ jacebant, hujuscemodi : ex arctis montibus introitus in vastam planitiem Ægyptiæ contiguam. Fertur ex Arabiâ serpentes alatos ineunte statim vere in Ægyptum volare, sed eis ad ingressum illius planitiei occurrentes aves ibides, non permittere, sed ipsos interimere : et ob id opus ibin magno in honore ab Ægyptiis haberi Arabes aiunt, confitentibus et ipsis Ægyptiis idcircò se his avibus honorem exhibere.* Herodot. Hist., pag. 116.

[III] *Serpentis porrò figura qualis hydrarum : alas non pennatas gerit, sed alis vespertilionis valdè similes.* Herodot. Hist., pag. 116.

[IV] *Candidæ (ibes) apud Pelusium tantùm non sunt, cùm in reliquâ totâ Ægypto habeantur. Nigræ contrà apud Pelusium tantùm : in cœterâ Ægypto nullæ.* Arist. oper., tom. 2, pag. 428.

[V] *Ibis circà Pelusium tantùm nigra est, cœteris omnibus locis candida.* Plin. Hist. nat., pag. 562.

[VI] *Nigras (ibes) solum Pelusium mittit, reliqua pars candidas.* Solin. Polyhist., pag. 95.

[VII] *Velut ibes maximam vim serpentium conficiunt, cùm sint aves excelsæ, cruribus rigidis , corneo , proceroque rostro : avertunt pestem ab Ægypto , cum volucreis angueis ex vastitate Libiæ vento africo invectas interficiunt atque consumunt. Ex quo sit , ut illæ , nec morsu vivæ noceant , nec odore mortuæ.* Cicer. , tom. 2 , pag. 748 xxxvi.

[VIII] *Sunt multa volucrum (Arabiæ), multa serpentum genera.* **De** *serpentibus memorandi maximè quos parvos admodum , et veneni præsentis , certo anni tempore ex limo concretarum paludum emergere , in magno examine volantes Ægyptum tendere , atque in ipso introitu finium , ab avibus quas* ibidas *appellant , adverso agmine excipi pugnaque confici traditum est.* Pomp. Mel. , pag. 211.

[IX] *Nec tamen aves istæ (ibes) tantùm intrà fines Ægyptiorum prosunt; nam cùm arabicæ paludes pennatorum anguium mittunt examina , quorum tam citum virus est ut morsum antè mors quam dolor insequatur , sagacitate , quâ ad hoc valent , aves excitatæ, in procinctum eunt universæ , et priùs quàm terminos patrios externum malum vastet , in aere occursant catervis pestilentibus ; ibi agmen devorant universum : quo merito sacræ sunt et illæsæ.* Solin. , pag. 95.

[X] *In Arabiâ autem serpentes sunt cum alis, quæ syrenæ vocantur, quæ plùs currunt ab equis, sed etiam, et volare dicuntur, quorum tantùm virus est, ut morsum antè mors insequatur, quàm dolor.* Isidor. oper. tom. 1, pag. 3o6.

[XI] *Ibes nigræ anguium volucrum catervas pestilentes ex Arabiâ intrà Ægyptios fineis et ingredi prohibent, et prò terrâ sibi amicâ propugnantes. Aliæ verò ibes ex Æthiopiâ Nili alluvionibus serpentes Ægyptum appetentes conficiunt, eorum conatibus obviàm euntes : quæ causa prohibet Ægyptios ex accessu serpentium perire.* Ælian. oper. , pag. 42.

[XII] *Sunt quæ vel pennis vel membranis volant omnia bipeda aut apeda ; angues enim circà Æthiopiam tales volare narrantur.* Aristot. oper. , tom. 2, pag. 198.

[XIII] *Et cùm aliquandò Arabiæ de Æthiopiâ advolant serpentes ibes, congregatâ acie in aere, congrediuntur cum eis ibides et devorant eos.* Albert. M. oper. , tom. 6, pag. 640.

[XIV] *Lybicisque vescens ipsa scorpionibus,*
    Necat anguium turmas graves volucrium,
    Quos excipit Pharos ex Arabiâ advenas.

                    Phil. Cornel. Paw. trad. pag. 63.

[XV] *Occurrunt eædem volucres (ibes) pinnatis agminibus anguium , qui ex arabicis emergunt paludibus venena malignantes: eosque antequàm finibus suis excedant , præliis superatos aeriis vorant.* Ammian. Marcell. p. 338.

[XVI] *Invocant et Ægyptii ibes suas contrà serpentium adventum.* Plin. Hist. nat. , pag. 559.

[XVII] *Insula in sinu arabico jacet, alto circumfusa pelago , ad octoginta stadiorum longitudinem ; cui* serpentariæ *nomen est. Id indè manavit , quod variis olim et formidolosis anguibus scateret ; sed insecutis deindè temporibus , regum Alexandriæ studio , ità ad cultum , ut nec vestigia bestiarum inibi conspiciantur.* Diod. Bibl. tom. 1 , 121 , pag. 205 et 206.

[XVIII] *... Terra quippè interius recedens (in Cyrenaicd), per tractum longissimum arenarum cumulis est oppleta. Quominùs , verò necessaria vitæ sufficit , eo magis variæ magnitudinis et formæ serpentibus luxuriat , maximè his , quos* cerastas *vocant. Lethales hi morsus inferunt , ejusdemque sunt cum arenâ coloris. Ideò cum à substrato solo ob coloris similitudinem à paucis discernantur , evenit , ut plurimi calcantes illos ex errore , improvisum* *mortis periculum incurrant. Hos, fama est, impressione, quondam in Ægyptum facta, magnam terræ partem habitatoribus destituisse.* Diodor. Bibl., tom. 1. 128, pag. 218.

[XIX] *Neuri, scythicis quidem utuntur moribus, una antè Darii expeditionem ætate coacti fuerant solum vertere propter serpentes : nam serpentum cum magna vis ex ipsorum solo est edita, tum major superne è locis desertis ingruerat : quibus usque adeò infestati fuerunt, ut relicto suo solo cum Budinis habitaverint.* Herod. Hist., pag. 255.

[XX] Voyez la note XXXV.

[XXI] *Hoc autem animal (ibis) serpentibus inimicum est : fugiunt enim eas advenientes ; et cum se celare voluerint, flatu velut cervorum abreptæ devorantur.* Joseph. Antiq. judaic. pag. 127.

[XXII] Voyez la note XXXIV.

[XXIII] Voyez la note XXIX.

[XXIV] *Viri sapientes aliorum quorumdam animalium figuras non sinè humani generis emolumento diis tribuere. Nam cum Ægyptiorum regio adeò serpentibus scateat, ut nulla major pestis incolas soleat infestare, provida*

natura deusque malorum depulsor aves quas-
dam illuc immisit ibes appellatas , quæ ser-
pentes interimunt. Quamobrem Ægyptiorum
sapientes , ut homines ægyptios ab interficien-
dis hujusmodi avibus suæ gentis conservatri-
cibus deterrerent , neque enim deerant qui eis
mortem molirentur, lege caverunt , ne cui li-
ceret Ægyptiorum ibim interimere , subjecta
causa, quod dii si quibus apparerent , in ibium
formâ sese eis ostenderent. [Alexand. Aphrodis.
comment. in duod. Aristot. libr. de prim.
philosop., pag. 5o3.

[XXV] Voyez la note **XXVIII**.

[XXVI] *Inter aves ibis ad angues , locustas-*
que et erucas tollendum prodest. Diod. Bibl. ,
tom. 1, 55 , pag. 98.

[XXVII] *Alexandriæ nullum non trivium eis*
(ibibus) plenum est , partim utiliter , partim
inutiliter ; utiliter , quatenus omnes serpentes
et omnes macelli et fororum opsonoriorum sor-
des colligit : inutiliter verò , quia omnivora et
immunda est , nec facile à mundorum et alie-
norum contaminatione prohiberi potest. Strab.
geograph. , pag. 822.

[XXVIII] *Circà easdem ripas ales est ibis :*
ea serpentum populatur ova , gratissimamique

ex his escam nidis , suis defert ; sic rarescunt proventus fœtuum noxiorum. Solin. , pag. 95.

Ibis sacra. . . . ideò quod nidulis suis ad cibum suggerens ova serpentum , efficit ut rarescant mortiferæ pestes absumptæ. Amm. Marcell. , pag. 337 et 338.

Hæc autem avis pugnat cum serpente quodam qui etiam ibis vocatur , et declinatur ibis, ibis, ibi : qui potest in omne venenosum , et ova serpentis prò desideratissimo cibo fert suis pullis. Albert. M. oper. , tom. 6 , pag. 640.

[**XXIX**] *Hæc avis licet aquatica sit , aquas non ingreditur, sed juxtà aquam colligit pisciculos , et cadavera rejecta , et alia animalia quæ invenit , et maximè serpentes.* Albert. M. oper. tom. 6 , pag. 640.

Ibis est avis super Nilum requiescens, aquam tamen nunquàm ingrediens, sed ejecta cadavera comedens. Ex libro de natur. rerum. Vincent Burgund. , tom. 1 , pag. 1212 , et tom. 2 , pag. 1489.

[**XXX**] *Ibis semper de nocte et die juxtà littora ambulat , quærens cadaver aliquod, quod ab aquâ jam putridum ejectum sit , refugiens altiores et puriores undas , ubi mundi pisces habitant, quia natare nescit , nec dat operam* *ut addiscat , dum cadaveribus delectatur. Ex physiologo* Vincent. Burg. specul. , tom. 1, spec. natur. , lib. 17, cap. 96 , pag. 1212.

[XXXI] *Mergulus , ibis , ardea et pelecanus imminent exitio piscium.* Procop. comment. , pag. 344.

[XXXII] Voyez les notes XXXIV et XLVIII.

[XXXIII] *Apud Græcos lexicorum conditores ibin* ὀφιοφάγου *ab esu serpentium et* ῥυπαροφάγου *ab impuritate victûs cognominare invenio.* Gesner. Hist. animal. , lib. 3 , pag. 547.

[XXXIV] *Quod autem calidissima sit natura , proptereà vel pessimarum rerum conficientissima vorago est. Siquidem serpentes et scorpios exest , et conficit , atque ex his partim facile et calore , quo permulto abundat , exterit et concoquit ; partim nullo negotio excrementa excernit , atque expellit. ægritudine perrarò afficitur.* Ælian. oper. , pag. 220, 221.

[XXXV] *Quid ea, quæ nuper , id est paucis antè sæculis, medicorum ingeniis reperta sunt ? Vomitione canes ; purgante autem alvos ibes Ægyptiæ curant.* Cicer. oper. , tom. 2 , pag. 771. L.

Simile quiddam et volucris in eâdem Ægypto

monstravit, quæ vocatur ibis : rostri aduncitate per eam partem se perluens , quâ reddi ciborum onera maximè salubre est. Plin. oper., pag. 453.

Quod si verò est hæc ratio , existimo ea significari id quod quæritur de in confesso positis , et honores communes habentibus. Cujus generis sunt ibis , etc. . . . .

. . . .

Ibis verò cum repentes humi mortiferas bestias interficit ; tum prima medicam evacuandi corporis rationem docuit , cùm conspiceretur isto modo sese proluere atque purgare. Plutarch. oper. , tom. 2 , pag. 580 et 581.

Sed et ibis prolutionem alvi per intestinorum ultimam extremitatem ingestâ marinâ aquâ se purgantis , animadvertisse et imitari dicuntur Ægyptii. Plutarch. oper. , tom. 2 , pag. 974.

Ægyptii non ex aliquo humano invento clysteres se didicisse ; sed ibim horum ad dejiciendas alvos usum eos docuisse prædicant. Ælian. oper. , pag. 41.

Hæc avis (ibis) cum constipata fuerit , ex ano per rostrum cibos ejicit , et aliquandò clysterem sibi faciens , aquam maris salsam in posteriùs injicit , et sic se laxat. Undé et Galenus narrat per hujusmodi visa avium ibi-

dum et ardearum clysteris usum esse inventum.
Albert. M. oper., tom. 6, pag. 640.

[XXXVI] *In quidlibet vel sordidissimum,
quamvis immittit rostrum, ut quippiam illic
inquirat, ex inquisitione tamen cibi, cum se
quieti tradit, cubile lavat et purgat.* Ælian.
oper., pag. 221.

[XXXVII] *Undè fit (quoniam devorat serpentes) ut ova ejus (ibidis) ut caro sint ve-
nenosa.* Albert. M. oper., tom. 6, pag. 640.

[XXXVIII] *Ejus ova si quis comederit, moritur. Ex lib. de nat. rerum.* Vincent. Burgund., tom. 1, pag. 1212, et tom. 2, pag. 1489.

[XXXIX] *Ibis,* sive tinschemet *hebraicè dicta
est, sive* ianschuph, *in vetere testamento,
cibis interdicitur. Sive etiam neutro istorum
nominum ; impura enim videtur, cum serpentibus et cibis impuris tantum alatur.* Gesn.
Hist. animal., lib. 3, pag. 548.

*Ibis in pentateucho avis ægyptia, obscæni-
tate oris immunda, quo alvum purgare con-
suevit.* Eucherius apud Gesner, loco citato.

*Vicia diversa Judæis in lege Moysi sub fi-
guris diversorum volatilium prohibita fuerunt.*
Levit. 11. — *Item ibis quæ est avis africa, ha-*

bens longum rostrum , et pascitur ex serpentibus , et fortè idem quod ciconia : et signat invidos , qui de malis aliorum quasi de serpentibus reficiuntur. Helvic. de exempl. 4 , 95.

Ibis avis est africa , longum rostrum habens , valdè mansueta , generi tamen serpentino ferox. Serpentes enim arripit et devorat. Per hanc autem illi congrue videntur designari , qui proximis quibusque in hâc temporale prosperitate molestiam inferre devitant ; sed ergà seipsos crudeles , flagitiorum venenis animas suas interimunt. Radulph. in levit., pag. 114.

[**XL**] *Maximis æstatis caloribus cum in Ægyptiorum agros Nilus redundat , atque explicati lævisque marini æquoris speciem similitudinemque gerit : tum Ægyptii ibi piscantur , ubi anteà arationes essent : et navibus ad fluvii accessionem accomodatis præparatisque navigant. Posteà verò quàm Nilus redit ad se , atque ad pristinam modi rationem à naturâ sibi attributam , pisces à parentis fluvii decessu deserti , et aquâ destituti, in brevibus limosis ad prædam agricolis relinquntur ; atque hæc piscium ægyptiis (ut ità dicam) ceu messis quædam est.* Ælian. oper., pag. 225.

[**XLI**] *Sacerdotum etiam qui sunt maximè observantes legum , lustrandi sui causa aquam* *indè petunt , undè ibis biberit : non enim bibit morbosam aut infectam aquam , imò ne accedit quidem.* Plutarch. oper., tom. 2, pag. 381.

[**XLII**] *Et sacerdotes eorum , cùm se conspergendo lustrant , aquâ ad hoc utuntur , è quâ ibis biberit : quòd infectam aut insalubrem nullam hæc aquam tangat avis.* Plutarch. oper. , tom. 2 , pag. 974.

[**XLIII**] *Sacerdotes in Ægypto non quâvis aquâ se lustrant , nec aliâ quàm ex quâ ibidem bibisse credant. Norunt enim egregiè hanc avem nunquàm gustare aquam sordidam , aut ullis infectam venenis : ut quam divinationis quoque non imperitam , veluti avem sacram existiment.* Ælian. oper. , pag. 167.

[**XLIV**] *Nam cum terra sit valdè iter agentibus sæva propter reptilium multitudinem , quià illic omnia hæc nascuntur : ità ut etiam quæ apud alios non sunt , sola illa nutriat terra , virtute atque malitiâ et aspectu solito differentiâ : quorum sunt aliqua etiam volatilia , ut cum de terrâ nocere nequeant , supervolando non providentes occidant. Moses itaque pro cautelâ exercitûs , et itinere eorum innoxio, hoc mirabiliter adinvenit. Plectas enim ex papyro fecit in modum arcarum , easque com-*

plens de ibibus secum portabat. . . . .
Dùm verò ad terram nutricem bestiarum ve-
nisset, per eas (ut dixi) naturam serpentium
expugnabat, eisque velut adversùs hostes ute-
batur. Hoc ergò modo iter agens, antèquàm
Æthiopes agnoscerent, supervenit; et congres-
sus cum eis, pugnà devicit, spemque quam
habebant contrà Ægyptios et eorum civitates
abstulit. Joseph. Antiq. judaic., pag. 127.

[XLV] *Democritus tradit serpentem non*
moveri, ibidis penna ipsi injecta. Geoponic.,
lib. 13, cap. 8, pag. 362.

Non movebitur serpens, penna ibidis ipsi
injecta. Geoponic., lib. 15, cap. 1, pag. 399.

Serpentes quosvis ibidum pennas timere
Ægyptii asserunt. Ælian. oper. ed. Gesn.,
pag. 17.

Voyez la note XLVIII.

[XLVI] . . . . *sed anguis ibium*
       Pennas parescit intuens, contactibus
      Harumque torpet ocius : reconditus
      Alvo, forantis perforat qui viscera.

                   Phil., pag. 123.

[XLVII] *Rapacem simul et pigrum inertem-*
que hominem significant, crocodilum pingentes,
qui ibis pennam in capite habeat. Hunc enim

si ibis pennâ tangas , immotum deprehendes.
Horapoll. hieroglyph. , pag. 129.

XLVIII. Pol. *Delectatus sum sermone , sed
desultâ rete jubebit oratio. Primùm enim ve-
nit mihi contemplatio ab Ægypto ferens sermonem non invenustum. Dicunt Ægyptios ibidum
ovis insidiari , ne quæ eorum fœtus producant
aliquod malum. Animal enim horrendum quod-
piam originem indè trahere , dicunt Ægyptii.
Sed non nugæ , aut fabulæ quod dicitur? Ant.
Non mihi videtur; sapiens enim et verè, et ægyp-
tium est inventum. Quod si verò etiam sermonem audire cupis , habeo tibi , amice , quod
dicam. Delectatur hic ales et vescitur male-
ölentibus rebus : gaudet autem et inprimis ve-
nenatorum venationibus , maximè multivorus.
Sed et serpentibus ibis , ut basiliscus , est con-
traria , ideoque et pennæ ibidum sunt adversæ
serpentibus. Interficitur verò carnibus serpentium ac scorpionum; e tilla gaudet hâc venatione.
Igitur ex aliquo quod illa peperit , ut putredi-
noso, magnum aliquod malum enascitur basiliscus : ideo corrumpunt Ægyptii ubicumque vide-
rint ova ibidum quasi quæ possent aliquando
sibi esse pestiferæ præmetentes.* Theophilact.
Simocatus quæst. physic. , cap. 14 , pag. 19.

[XLIX] *Perniciem aliquam ex institutis op-*

timis sanoque concilio subsecutam , AEgyptii significare voluissent , ibin et basiliscum facere consueverunt : siquidem ex ibidis ovo basiliscum nasci plerique veterum tradiderunt. Causamque insuper eam philosophi afferunt , quod avis ea multivora sit , et serpentum venenatorumque genus omne abliguriat , quorum virulentâ putredine ova ipsa prædita , animal id perniciosum efficiant. AEgyptii sanè cùm ibin alioquin egregiè colant , ova tamen ejus , ne quid tale progeneretur , inventa frangunt. Pier. Valerian. hierogl. pag. 175.

[L] *Basiliscus appellatur genus serpentis : vel quod in capite habeat album instar diadematis : vel quod reliqua serpentum genera vim ejus fugiant.* Pomp. Festus. de verb. significat., tom. 1, pag. 49.

Basiliscus græcè , latinè interpretatur regulus , eò quòd rex serpentium sit , adeò , ut eum videntes fugiant , qui olfactu suo eos necat. Isidor. oper. , tom. 1 , pag. 304.

Dixit quidam ipse nominatur regulus , quoniam habet coronatum caput. Avicenn. oper. tom. 2 , pag. 215.

[LI] *Nec flexu multiplici , ut reliquæ (serpentes) , corpus impellit , sed celsus et erec-*

tus in medio incedens. Plin. hist. nat. ,
pag. 449 et 450.

*Cum movetur , mediâ corporis parte serpit ,
mediâ arduus est et excelsus.* J. Solin. , pag. 80.

[LII] *De radice enim colubri egredietur regulus , et semen ejus absorbens volucrem.*
Bibl. sacr. Isai. 14. 29. *Regulus ipse rex serpentum , qui solo visu et flatu absorbet volucres ,
occiditque homines.... est autem regulus serpens pennatus , undè ubi juxtà translationem
nostram legitur , volucrem absorbens ; in he-
bræo juxtà Hieronymum legitur serpens volans.*
Glossa super Esaium 14.

*In terrâ tribulationis et angustiæ leæna et
leo , ex eis vipera et regulus volans.* Bibl. sacr.
Isai. 30. 6.

[LIII] *Duodenum non ampliùs digitorum
magnitudine.* Plin. Hist. nat. , p. 449.

Serpens est penè ad semipedem longitudinis.
Solin. polyhist. , p. 80.

*Basiliscus verò etsi magnitudine palmi sit ,
tamen vel serpentum maxima illius aspectu
non longo post intervallo , sed jam nunc
statim expirationis appulsu torrescit.* Ælian.
oper. , pag. 27.

Est autem longitudine semipedalis. Isid. op.
tom. 1 , pag. 304.

Longitudo ejus est duorum palmorum. Avic. oper., tom. 2, p. 215.

Palmum non excedit, solo tamen halitu serpentem quamlibet magnum suffocat, tanta est veneni acuitate. Textor epitom., tom. 2, pag. 3.

[LIV] Bestiam seu feram regiam quàm vocant basiliscon, nè videre quidem unquàm contigit: et si vera sunt, quæ de illâ referuntur, periculosum etiam est vel propè accedere ad hoc animal. Galen. oper., tom. 5, classis 5, pag, 72.

[LV] Quià ecce ego mittam vobis serpentes regulos, quibus non est incantatio : et mordebunt vos, ait dominus. Bibl. sacr. Jerem. 8. 17.

[LVI] Quìn et aliter ævum pictura exprimere volentes, serpentem pingunt, cujus cauda reliquo involvatur ac tegatur corpore. Hunc Ægyptii quidem linguâ suâ uræum, Græci verò basiliscum appellant. Eumdem ex auro conflatum diis circumponunt. Cœterum hoc animali ævum significari propterea Ægyptii dicunt, quòd cum tria sint serpentium genera, solum ex omnibus immortale est, cætera mortalia : ut potè cum quodvis aliud

*animal solo afflatu absque ullo morsu serpens
hic interimat.* Horapoll. hieroglyph. , pag. 2.

[LVII] *Nec hominis tantùm , vel aliorum
animantium exitiis datus ; sed terræ quoque
ipsius , quam polluit et exurit , ubicumque
farele sortitur receptaculum.* Solin. Polyhist. ,
pag. 80.

*(Basiliscus) adurit totum super quod incedit ,
et neque oritur in circuitu cavèrnæ ejus aliquid.*
Avicenn. oper. , tom. 2 , pag. 215.

[LVIII] *Necat frutices , non contactos modò , verùm et adflatos : eruit herbas , rumpit
saxa. Talis vis malo est.* Plin. Hist. nat. ,
pag. 450.

Denique extinguit herbas , necat arbores.
Solin. polyhist. , pag. 80.

*Nec solùm homini , reliquisque animantibus
insidiatur atque infestus est , sed etiam fruges
ac sata contactu suo fœdat ac polluit.* Læv.
Lemnius , Occult. natur. miracul. , pag. 540.

[LIX] *Ipsas etiam corrumpit auras ; ità ut
acies nulla alitum impune transvolet , infec-
tum spiritu pestilenti.* Solin. , pag. 80.

*Serpentes olfactu suo necat , nàm et homi-
nem , vel si aspiciat , interimit , siquidèm ad*

ejus aspectum nulla avis volans illæsa transit ; sed quamvis procul sit , ejus ore combusta devoratur. Isidor. oper. , tom. 1 , pag. 304.

[LX] *Ipse etiam , postquàm pervenerit ad aquas , efficit bibentes hydropicos , ac lymphaticos.* Arnald. Villanov. Oper. , pag. 1351.

[LXI] *Quod ferit hic , multo corpus succenditur igne.*
A membris resoluta suis caro defluit, et fit
Lurida et obscuro nigrescit opaca colore.
Nullæ etiam volucres , quæ fœda cadavera pascunt ,
Sic occisum hominem tangunt , ut vultur , et omnes
Huic similes aliæ , pluviæ quoque nuncius auræ
Corvus , nec quæcunque feræ per devia lustra
Degunt , è tali capiunt sibi pabula carne.
Tum teter vacuas odor hinc exhalat in auras ,
Atque propinquantes penetrant non segniter artus :
Sin cogente fame veniens approximet ales ,
Tristia fata refert , certamque ex aere mortem.

Nicand. apud Gesn. serp. pag. 58.

Et illius , quem mordet corpus liquefit , et inflatur , et currit virus , et moritur statim , et moritur omnis qui appropinquat illi mortuo. Et parum quidem evadit qui præsens fit vicinitati ejus. Avicenn. oper. , tom. 2, pag. 215.

Voyez la note suivante.

[LXII] *Illius auditos expectant nulla susurros*
Quantumvis magnas sinuent animalia spiras.

Nicand. apud Gesn. serp. pag. 57.

Sibilaque effundens cunctas terrentia pestes
Antè venena nocens, latè sibi submovet omne
Vulgus, et in vacua regnat basiliscus arena.

Lucan. Pharsal., lib. 9.

..... *omnibus (hominibus) qui oculos ejus*
vidére confestim expirantibus. Eadem et basi-
lisci serpentis est vis..... Sibilo omnes fugat
serpentes. Plin. Hist. natur., pag. 449.

Basiliscus tantummodò conspectus, et si-
quandò sibilat auditus, videntes se et au-
dientes necat : atque si quod aliud animal,
illud etiam mortuum attingit, statim moritur :
hinc aiunt omne aliud reptilium genus cavere,
ne basilisco vicinum habitet. Galen. oper.,
tom. 3, classis 5, pag. 92.

Et quàm opponitur habitationi ejus avis,
cadit, et non sentit ipsum animal, quod non
terreatur ; quod si sit propinquiùs hoc stupefit,
quare non movetur, et interficit sibilo suo si
exaltat ipsum, etc. Avicenn. oper., tom. 2,
pag. 215.

[LXIII] *Ultrd hos est regio deserta, quæ pas-*
cua larga habet, ob scorpionum multitudinem
derelictâ, et phalangiorum, quæ tetragnathi, id
est, quadrimala appellantur. Horum animalium
tanta aliquandò copia exsuperavit, ut homines
prorsùs expellerentur. Strab. Geogr. pag. 772.

Attingit hanc gentem (acridophag.) terra quædam magnitudine prolixâ , et pascuorum varietate præstans : sed deserta et nullos præbens accessus. Non quod ab initio caruerit hominibus , sed quod ab intempestivo postmodùm imbre magnam phalangiorum et scorpionum vim procrearit. Adeò enim bestias illas increbuisse scribunt , ut tota primum gens communibus hostem , natura infestum , armis interimeret. At cum invictum esset malum (morsus enim subitam ictis mortem afferebat) desesperato patriæ loco et victu alio profugere compulsos. Diodor. bibl. , tom. 1 , 114, p. 196.

Citrà Cynamolgos Æthiopas latè deserta regio est , à scorpionibus et solipugis gente sublatâ. Plin. Hist. nat. , pag. 455.

[LXIV] *Hoc malum Africæ volucre etiàm Austri faciunt , pandentibus brachia , ut remigia sublevantes.* Plin. Hist. nat. pag. 606.

[LXV] *Hispaniæ vel Mauritaniæ extrema occidenti proxima , cæteris omnibus sicciora esse..... Quin et alicubi isthic est bituminis fons , et æris fodinæ , et volucrium , ac non alatorum scorpionum multitudo memoratur ibi , magnitudine (ut fertur) septenum vertebrarum, tùm phalangia et multitudine et magnitudine non vulgari.* Strab. Geograph. , pag. 830.

Apollodorus idem, planè quibusdam (scorp.) inesse pennas tradit...... visuntur..... aliquandò in Italiâ, sed innocui; multisque aliis in locis, ut circà Pharum in Ægypto. In Scythiâ interimunt etiàm sues, alioqui vivaciores contrà venena talia. Plin. Hist. nat., pag. 606. *Nota.* Comparez ce passage avec celui de Philé, note XIV.

Scorpio autem cum alis est magnus : et prohibet multoties eum ventus quùm volat, ab hoc ut cadat, quare vadit cum eo de regione in regionem. Avicenn. oper., tom. 2, p. 225.

[LXVI] *Pammenes in eo opere quod de feris venenatis scripsit, alatos tradit scorpiones in Ægypto nasci, duplici aculeo armatos.* Ælian. oper., pag. 344.

[LXVII] *Septima domus seu mansio erat consecrata numini Hermanubi, id est, Mercurio, quem sub ibidis specie exhibebant; cujus officium putabant, immensas vaporum congeries, coacervare, et veluti ex universis hnmentis naturæ penuariis attractas suffuratasque in imbres dissolvere; undè deinde magnum ex inundatione Nili emolumentum proveniebat. Cur verò loco ibidis cancri figuram posuerint, causa fuit quòd cancer apud Ægyptios non fuerit alicujus genii particularis symbolum, sed hiero-*

glyphicum conversionis solis. Kirch. OEdip. , tom. 2, pars. 2, pag. 155.

[LXVIII] *Sub australibus sagittarii et capricorni rhombis constituti, continent simulachrum figuræ humanæ und manu hippopotamum transfigentis, alterd ibidem, quæ serpentem devoret, indicantis figuram. Per hominem ......: quæ et per ibidem mercurialium geniorum symbolum indicantur, quorum ope noxiarum rerum, atque ex putrefactione terræ nascentium pullulans multitudo hoc tempore absumitur.* Kirch. OEdip. , tom. 2, pars 2, pag. 213.

[LXIX] *Visam in Alpibus ab se peculiarem Ægypti et ibim Egnatius Calvinus præfectus earum prodidit.* Plin. Hist. nat., pag. 570.

[LXX] *Hæc etiam de Ægyptid ibide audivi..... Extrà AEgyptum nunquàm progreditur. Cur ex Ægypto nunquàm se commoveat, causa Ægyptus est, ubi cœli status uvidus est, et luna omnium maximè stellarum inerrantium humida. Si quis vi atque impetu eam ab Ægypto exportet, illa quidem ex insidiatoribus ultionem capit, mortem enim sibi fame consciscens, raptoribus studium in se exportanda extrà AEgyptum vanum esse ostendit.* Ælian. oper. , pag. 41 et 42.

Quæ quidem geminæ species in Ægypto tantùm repertæ, argumentum dedére, ut ibes geminæ prò Ægypto ipsa figurarentur : ut potè quæ ei tantùm regioni familiares et propriæ essent. Eas in hujusmodi significatum passim in obeliscis videas..... Sunt verò aves hæ ità Ægypti propriæ, ut extrà eam regionem vivere non possint, asportatæque ocyssimè moriantur. Pier. Valer. hierogl. pag. 174.

[LXXI] *Ferunt prisci ægyptiarum rerum scriptores, inferiorem Ægypti partem mari olim tectam fuisse ; Osirim autem primum Ægypti regem, cùm ex ingenti limi, arenarumque ex Æthiopiá advectarum coacervatione Nili defluxu factá, hunc maris sinum, nescio quid terrestre, parturire cerneret, Nili aquis in alveo diductis, terram intermediam ab aquis separatam, habitatoribus non aptam tantùm, sed et jucundam reddidisse ; ingenti verò serpentum è putrefacto limo natorum copiá locum continuò infestum reddente, cùm multi quotidiè serpentum morsibus, inter quos et Osiridis navarchus Canopus, perirent ; Osirim magnam vim ibidum hisce locis immisisse, qui devoratis serpentibus, locum brevi tempore expurgatum à periculis immunem reddiderunt.* Kirch. obelisc. Pamph., pag. 125.

[LXXII] *Ab ibide primùm detectum, atque ex Nilo, in quem à Typhone, et titanibus, teste Diodoro, projectum fuerat corpus Hori, extractum custoditumque fuisse, Hecatæus apud Sophianum clarè docet.* Kirch. obelisc. Pamph. , pag. 452.

[LXXIII] *Ibim cùm luna crescit atquè decrescit cognoscere audio ; ejusque in victus ratione incrementa et decrementa observare.* Ælian. oper. , pag. 41.

[LXXIV] *Dicunt (Ægyptii) ibidis intestinum in lunæ defectione comprimi, donec aucto rursùs splendore fulgeat.* Ælian. oper. pag. 220.

[LXXV] *Ore corvos parere aut coire vulgus arbitratur......... Aristoteles negat, non hercule magis, quàm in Ægypto ibim ; sed illam exosculationem, quæ sæpè cernitur, qualem in columbis, esse.* Plin. Hist. nat. , pag. 551 et 552.

Ore pariunt. Solin. Polyhist. , pag. 95.

Eamdem Ægyptii ferunt ore coire et parere itidem. Ælian. , pag. 220.

Hæc avis ore parit. Vincent. Burgund. biblioth. , tom. 1 , pag. 1212 , et tom. 2 , pag. 1489.

[LXXVI] *Ad lunæ rationem ova fingit, tŏtidem scilicet diebus, quot illa crescit et decrescit.* Ælian. oper., pag. 41.

Nota. Pignorius qui copie souvent Elien, a dénaturé ce passage, en voulant le développer. « *Ibis*, dit-il, *sacra Isidi avis, tùm quià ad lunæ rationem ova fingit, tùm quià tot diebus ova excludit, quot luna crescit et decrescit.* » Mens. isiac. explic., pag. 76. Il suit de là, qu'en s'appuyant de l'autorité de Pignorius, c'est réellement d'après le seul Elien que Buffon a dit que la ponte de l'ibis étoit de quatre œufs, et la durée de son incubation d'un mois lunaire ou de 28 jours. Voyez Buffon, Oiseaux, tom. 8.

[LXXVII] *Jam verò iis quoquè, quæ ab ipsis vocantur deorum κωμασίας, aureas imagines, duos quidem canes, unum autem accipitrem, et ibin unam circumferunt : et quatuor imaginum simulacra, vocant quatuor literas. Atquè duo quidem canes, sunt symbola duorum hemisphæriorum, ut quæ circumeant et custodiant : accipiter verò, solis : est enim igneus, et qui vim habet interimendi : pestilentes itàque morbos soli attribuunt. Ibis autem, lunæ : umbrosa nigris, lucida albis plumis assimilant.* Clem. Alexand. oper., pars 2, 242, pag. 671.

[LXXVIII] *Sunt etiàm quædam animalia, quæ Ægyptii universi colunt, ut de terrestribus tria.... è volatilibus accipitrem atquè ibim.* Strab. Geograph., pag. 812.

[LXXIX] *Quisquis tamen ibin aut accipitrem necaverit, sivè volens, sivè invitus, necessariò morte afficitur.* Herod. Hist., pag. 113.

[LXXX] *Dixi etiàm eam longissimæ vitæ, ut refert Apion, atquè in eam rem Hermopolis sacerdotes testes citat, qui immortalem ipsi ibin ostenderint : sed hoc et Apion procul à verò abesse judicat, et ego similiter ab omni ratione abhorrere existimo, etiàmsi ille secùs judicasset.* Ælian. oper., pag. 220.

[LXXXI] *Soc. Audivi equidem circà Naucratim Ægypti priscorum quendam fuisse deorum, cui dicata sit avis quam ibim vocant, dæmoni autem ipsi nomen Theut (*Mercur.*) : hunc primum omnium numerum et numeri computationem invenisse, geometriamque, et astronomiam, talorum rursùs alearumque ludos, et literas.* Platon. oper., pag. 356.

[LXXXII] Voyez la note XCI.

[LXXXIII] Voyez la note XCIII.

[LXXXIV] Voyez la note XCIV.

[LXXXV] Voyez les notes XC et XCIX.

[LXXXVI] *Per hominem ibidis capite trans-formatum mercuriale numen, quem AEgyptii Hermanubim vocant, indicatur; nam.... ibidis càput humanæ figuræ appositum semper mer-curibin humidæ substantiæ numen....indicat...*

. . . .

Est prætereà ibimorphos hic nilotici incre-menti numen.... Kirch. OEdip. , tom. 3, p. 96 et 97.

[LXXXVII] *Iconismus intrà rhombum Isidis sivè Virginis constitutus, arbor est, in cujus ramis hinc indè canis et ibis resident, uti suprà ex astrologiâ AEgyptiorum, quam R. Avenar in linguam hæbraïcam traduxit, pro-bavimus. Arbor quidem exhibet totam vege-tabilis naturæ substantiam, cujus præsides sunt Mercurius et Isis numina, quæ aptè per canem et ibidem notantur, uti in obelisco Pamphilio demonstravimus.* Kirch. OEdip. , tom. 2, pars 2, pag. 210, n°. 12.

[LXXXVIII] *Sunt autem, qui volunt quidem tropicos significari à canibus, qui custodiunt, et instar janitorum observant, accessum solis ad austrum et septentrionem : equinoctialem autem, qui est altus et perustus, significat*

*accipiter , sicut ibis obliquum seu signiferum.
Numeri enim inventionis et mensuræ , maximè
ex animalibus , ibis videtur principium præ-
buisse AEgyptiis , sicut ex circulis obliquis.*
Clement. Alex. oper. , pars 2 , 242 , pag. 671.

[LXXXIX] *Cruribus ad cubiti spatium dis-
tentis eam incedere aiunt.* Ælian. oper. ,
pag. 220.

[XC] *Ibim vivum divinitatis habitaculum ap-
pellabant; putabant enim Mercurium , quem
ipsi nunc Phta , jàm Thoth , modò Tautum ,
hujus animalis formâ vestitum , AEgyptum
circumire , homines variarum rerum inven-
tionem , cultumque deorum docere , undè et
AEgyptiacâ linguâ , uti in dictionario nostro
ostendimus , eum dicebant , nunc Herma-
nuphta , hoc est deum interpretationis , nunc
Hermanubis Zeuda , hoc est , Mercurium ibia-
cum sub formâ ibidis docentem ; vidè quæ de
horum etymo fusè in supplemento Prodromi
tractavimus : existimabant enim magnum illum
Phta Mercurium videlicet , qui ipsis tantarum
rerum inventiones præstiterat , ad deorum as-
sumptum consortium , homines quibuscumque
modis non desinere instruere , dùm sub ibidis
formâ , varia præsentiâ suâ oracula fundit ,
dùm eos per occultas alitis hujus operationes*

ad mores formandos instruit ; dùm dira omnia felici augurio avertit et complura alia , de quibus in sequentibus. Kirch. obelisc. Pamph. , pag. 524.

Cur autem illa Mercurio sacra fuerit , sex causas reperio... Altera est , quod Mercurius sub hujus alitis formâ circumiens, hominibus variarum rerum usum ostenderet , ità Abenephi : ibis sivè ciconia dicitur avis Mercurii , putabant enim , quod Hermes suâ figurâ ejus compareret hominibus ad docendum eos. *Id. ibid. , pag.* 525.

[XCI] *Mercurius , aiebat , primus deorum in Ægypto traditur invenisse litteras ; itaquè ibin Ægyptii signum primæ faciunt litteræ : non rectè meo quidem judicio , muto vocisque experti animali primum locum in litteris deferentes.* Plutarch. oper. , tom. 2 , pag. 738.

[XCII] *Ægyptii autem sacerdotes et nonnulli poetæ dicunt cum complures dii in Ægyptum convenissent , repentè venisse eodem Typhona acerrimum giganta , et maximè deorum inimicum : quo timore permotos , in alias figuras se convertisse , Mercurium factum esse ibin , Apollinem autem , etc.... Quibus de causis Ægyptios ea genera violari non sinere demonstrant , quòd deorum imagines*

dicantur. Mythograph. latin. ; Hygin. , p. 403
et 404.

*Is Typhon imperium Jovis affectavit : impe-
tumque facientem nemo deorum substitit ; sed
omnes in AEgyptum fugam fecerunt , solis
Minervâ et Jove relictis. Typho evestigio deos
est secutus: verùm illi calliditate usi, effugerunt,
habitu in bestias mutato : Apollo in accipitrem,
Mercurius in ibin , etc. , etc.* Histor. poetic. ;
Anton. , pag. 457.

> *In pugnâ Gigantum contrà Deos
> Pisce Venus latuit, Cillenius ibidis alis.*
>
>   Ovid., tom. 5 , pag. 96.

[XCIII] *Aiunt Mercurio sermonis parenti idcircò in amore esse , quià orationis speciem
similitudinemque gerat : namque pennæ in ejus
alis nigræ cum tacito adhuc et nondùm emisso
sermone comparari queunt : jam verò prolatæ
orationi , quæ jam auditi intimorum sensuum
enunciatrici et interpreti, candidæ possunt con-
ferri.* Ælian. oper. , pag. 220.

[XCIV] *AEgyptii cor volentes indicare , ibin
pingunt ; quod quidem animal Mercurio attri-
butum ac dicatum est , cordis omnisque ra-
tionis præsidi et moderatori. Nam et ibis per
se ipsâ magnâ ex parte cordi adsimilis est , de*

quâ re plurimi apud Ægyptios agitantur ser-
mones. Horapoll. hieroglyph. , pag. 51.

[XCV] *Illam ibidis etiàm vim Ægyptiorum
libris accepi : eam nimirum cum in pennas ,
quæ sub pectus existunt, collum et caput ab-
diderit , cordis figuram exprimere.* Ælian.
oper., pag. 220.

[XCVI] *Ibin ferunt recens ex ovo exclusam
duas appendere drachmas : quantùm etiàm
recens nati infantis cor appendit.* Plutarch.
oper. , tom. 2, pag. 670.

[XCVII] *Color (ibidis) duo genera facit :
nàm alterum totum nigrum est , alterum ciconiæ simile. Alexandriæ nullum , etc.* Strab.
Geograph. , pag. 822. Voyez la note XXVII.

[XCVIII] *In palmis, ad evitandas feles, nidi-
ficat. Non enim facile in palmâ ob eminentem
et cutellatum trunci corticem eæ sœpè repulsæ,
rejectæ sursum correpere possunt.* Ælian. oper.
pag. 221.

> *Hæc palmulas inter domum pullis struit,*
> *Felis malignam vitet ut fidiciam.*

> Phil. , pag. 65.

[XCIX] *Porrò in præfecturâ alexandrinâ
(seu Nomus Racotis) præcipuè Mercurium cul-*

tum legimus , cujus simulacrum erat sub formâ ibidis. Kirch. OEdip. , tom. 1 , pag. 15.

[C] *Nàm mygalas et accipitres in urbem Butum asportant , ibides verò Hermopolin.* Herod. Hist. , pag. 114.

Fin des Notes.

TABLE

DES ÉDITIONS A CONSULTER

POUR LA VÉRIFICATION DES NOTES.

Herodoti historiarum libri novem, cum interpretatione Laurentii Vallae, *et Gronovii notis.* Lugduni Batavorum, *apud Luchtmans*, 1715, in-fol.

Platonis opera omnia quae exstant Marsilio Ficino interprete. Genevæ, 1590, in-fol.

Aristotelis opera omnia graecè et latinè, *ex editione et cum notis Guillelmi Duvallii.* Parisiis, 1654, 4 *vol.* in-fol.

Nicandri Theriaca, interprete Jo. Gorraeo parisiensi. Parisiis, *apud Morelium*, 1557, in-4.

M. T. Ciceronis opera quae supersunt omnia, *studio Isaac. Verburgii edita.* Amstelodami, 1724, 2 *vol.* in-fol.

Diodori Siculi bibliothecae historicae libri qui supersunt, interprete Laurentio Rhodomano. Ad fidem mss. recensuit Petrus Vesselingius. Amstelodami, 1745, 2 *vol.* in-fol.

Pub. Ovidii Nasonis sulmonensis poëtae opera, *cum commentariis.* Francofurti, 1601, 3 *vol.* in-fol.

Mytographi latini : C.-Jul. Hyginus, *etc.* Thomas

Munckerus omnes ex libris mss. edidit. Amstelodami, 1681 , in-8.

Historiae poeticae scriptores antiqui : Apollodorus atheniensis , Antoninus liberalis , etc. graecè et latinè. Parisiis , 1675 , in-8.

Strabonis rerum geographicarum libri XVII *, Isaac. Casaubono edente.* Lutetiæ Parisiorum , typis regiis , 1620 , in-fol.

Pomponii Melae de orbis situ libri tres , accuratissimè emendati , unà cum commentariis Joachimi Vadiani helvetii castigatioribus. Basileæ , 1532 , in-fol.

M. Annaeus Lucanus de bello civili , cum Hug. Grotii, Farnabii notis integris et variorum selectissimis. Lugduni , 1670 , 2 *vol.* in-12.

Flavii Josephi antiquitatum judaicarum libri quatuor priores et pars magna quinti graecè-latinè , cum exemplaribus mss. collati et illustrati notis amplissimis D. Edwardi Fernardi S. T. P. Oxoniæ , 1700, in-fol.

C. Plinii secundi historiae naturalis libri XXXVII *, quos interpretatione et notis illustravit Joannes Harduinus ; editio altera.* Parisiis , 1723 , 3 *vol.* in-fol.

Plutarchi chaeronensis omnium quaeexstant operum , Guilelmo Xylandro interprete. Lutetiæ Parisiorum , typis regiis, 1624 , 2 *vol.* in-fol.

Galeni omnia quae exstant opera in latinum sermonem conversa. Juntarum quarta editio. Venetiis , 1565 , 4 *vol.* in-fol.

Pausaniae Graeciae descriptio , cum latinâ Romuli Amasaei interpretatione, Xylandri, Sylburgii et Kuhnii notis. Lipsiæ , *apud Fritsch* , 1696 , in-fol.

C. Julii Solini polyhistor , seu , rerum toto orbe

memorabilium thesaurus locupletissimus, cum tabulis geographicis. Basileæ, 1543, in-fol.

Alexandri Aphrodisiei commentaria in duodecim Aristotelis libros de primâ philosophiâ, interprete Joanne Genesio Sepulvedâ Cordubensi, etc. Venetiis, 1561, in-fol.

Clementis Alexandrini opera quæ exstant, recognita et illustrata per Joannem Potterum. Oxonii, 1715, 2 vol. in-fol.

Claudii AEliani opera quae exstant omnia, graecè latinèque edita, curâ Conradi Gesneri tigurini. Tiguri, *apud Gesneros fratres*, 1556, in-fol.

Geoponicorum sivè de re rusticâ libri xx, *Cassiano Basso scholastico collectore etc., graecè et latinè.* Cantabrigiæ, typis academicis, 1704, in-8.

Sexti Pompeii Festi et Mar. Verrii Flacci de verborum significatione libri xx. *Notis et emendationibus illustravit Andreas Dacerius.* Lutetiæ Parisiorum, 1681, 2 vol. in-4.

Ammiani Marcellini rerum gestarum qui de xxxi *supersunt ope mss. codicum emendati ab Henrico Valesio, et auctioribus adnotationibus illustrati, editio posterior.* Parisiis, 1681, in-fol.

Horapollinis Hieroglyphica graecè et latinè, cum integris observationibus et notis Merceri et Hoeschelii, et selectis Nicolai Caussini, curante Joanne Cornelio de Paw. Trajecti ad Rhenum, 1727, in-4.

Procopii Gazaei sophistae commentarii in octateuchum, Conrado Clausero tigurino interprete. Tiguri, 1555, in-fol.

Radulphi flaviacensis in mysticum illum Moysi le-viticum libri xx. Coloniæ, 1536, in-fol.

Divi Isidori hispalensis episcopi opera emendata, nunc aliquibus opusculis appendicis loco aucta. Matriti, 1778, 2 vol. in-fol.

Theophilacti Simocati expraefecti opuscula quae haberi potuerunt omnia, Jacobus Kimedoncius F. è graeco vertit, et castigationes addidit. Apud Hieronymum Commelinum, 1598, in-12.

Avicennæ Arabum medicorum principis Opera ex Gerardi cremonensis versione, et Andreae Alpagi belunensis castigatione. Venetiis, 1608, apud Juntas, 2 vol. in-fol.

Bibliotheca mundi, seu Vincentii Burgundi speculum quadruplex naturale, doctrinale, morale, historiale, Duaci, 1624, 4 vol. in-fol.

Beati Alberti Magni de animalibus libri xxvi, *recogniti per Petrum Jammi, operum tomus sextus.* Lugduni, 1651, in-fol.

Helvici monachi liber de exemplis et similitudinibus rerum, (sans titre) in-4.

Arnaldi Villanovani philosophi et medici summi opera omnia, cum Nicolai Taurelli annotationibus. Basileæ, 1585, in-fol.

Phile de animalium proprietate, restitutus à Joanne Cornelio de Paw, cum ejusdem animadversionibus et versione latinâ Gregorii Bersmanni. Trajecti ad Rhenum, 1730, in-4.

Joannis Pierii Valeriani bellunensis Hieroglyphica. Lugduni, apud Paulum Frellon, 1626, in-fol.

Histoire de la nature des oiseaux, avec leurs descriptions et naïfs portraicts, par Pierre Belon, du Mans. *Paris*, 1555, *in-fol.*

J. Ravisii Textoris officinae epitome. Lugduni, 1588 et 1560, 2 vol. in-8.

Conradi Gesneri, medici tigurini, historiae animalium, liber III *qui est de avium naturâ.* Tiguri, 1555, in-fol.

Ejusdem liber V *qui est de serpentium naturî. Adjecta est ad calcem scorpionis historia A. D. Gasparo Wolphio.* Francofurti, 1621, in-fol.

Levini Lemnii mediei zirizaei occulta naturae miracula, ac varia rerum documenta, etc. Antverpiæ, 1564, in-8.

Ulyssis Aldrovandi philosophi et medici bononiensis ornithologiae tomus tertius. Bononiæ, 1636, in-fol.

Prosperi Alpini Historia Ægypti naturalis opus posthumum. Lugduni Batavorum, 1735, 2 *vol.* in-4.

Laurentii Pignorii patavini Mensa isiaca, qua sacrorum apud Ægyptios ratio te simulacra subjectis tabulis œneis simul exhibentur et explica ntur. Amstelodami, 1569, in-4°.

Athanasii Kircheri Œdipus Ægyptiacus, hoc est, universalis hieroglyphicae veterum doctrinae temporum injuria abolitae instauratio. Romæ, 1652, 3 *vol.* in-fol.

Athanasii Kircheri obeliscus Pamphilus. Romæ, 1650, in-fol.

EXPLICATION DES PLANCHES.

Planche Ire. Jeune ibis.

Planche II. Têtes d'ibis blanc, de grandeur naturelle.
  a Tête d'un ibis adulte embaumé.
  b Tête d'un jeune ibis vivant.
  c Tête d'un jeune ibis embaumé.

Planche III. Pieds d'ibis blanc, de grandeur naturelle.
  a Pied d'un ibis vivant.
  b Pied d'un ibis embaumé.

Planche IV. Ibis noir.

Planche V. Hiéroglyphes.
  a Eau.
  b Terre, ou limon.
  c Céraste.
  d Ibis blanc.

Planche VI.
  a Ibis noir symbolique.
  b Momie d'ibis.

l'Ibis blanc.

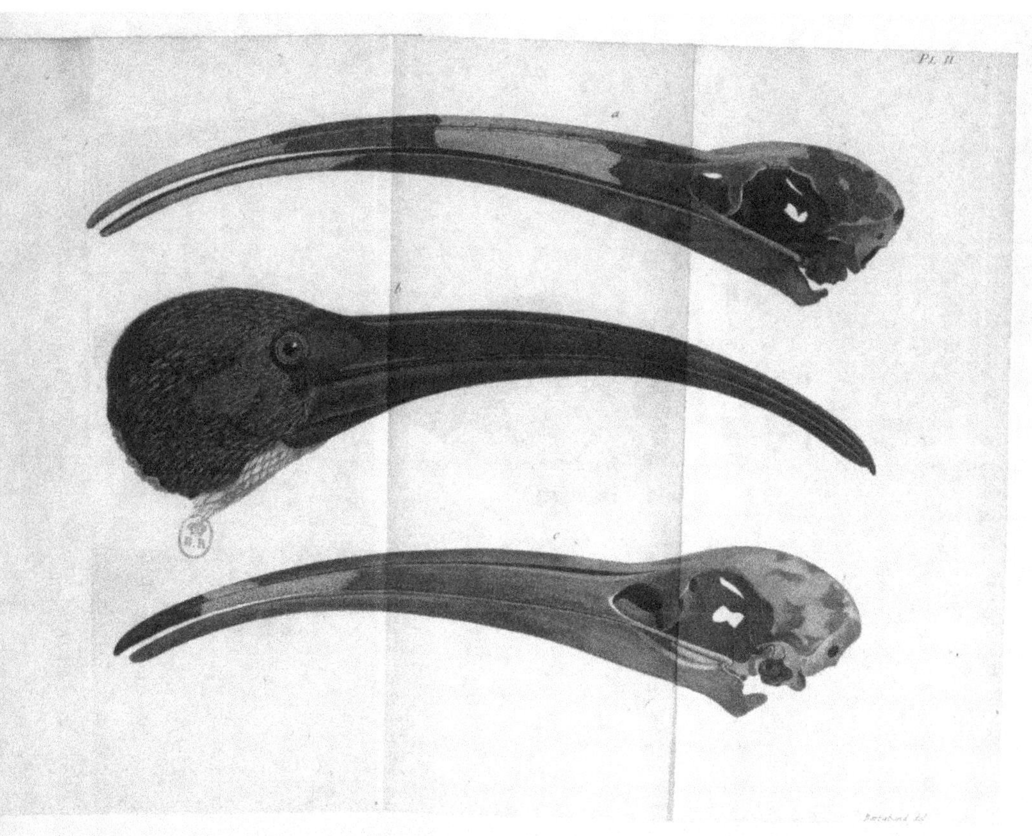
a
b
c

l'Ibis noir.

Barraband del.

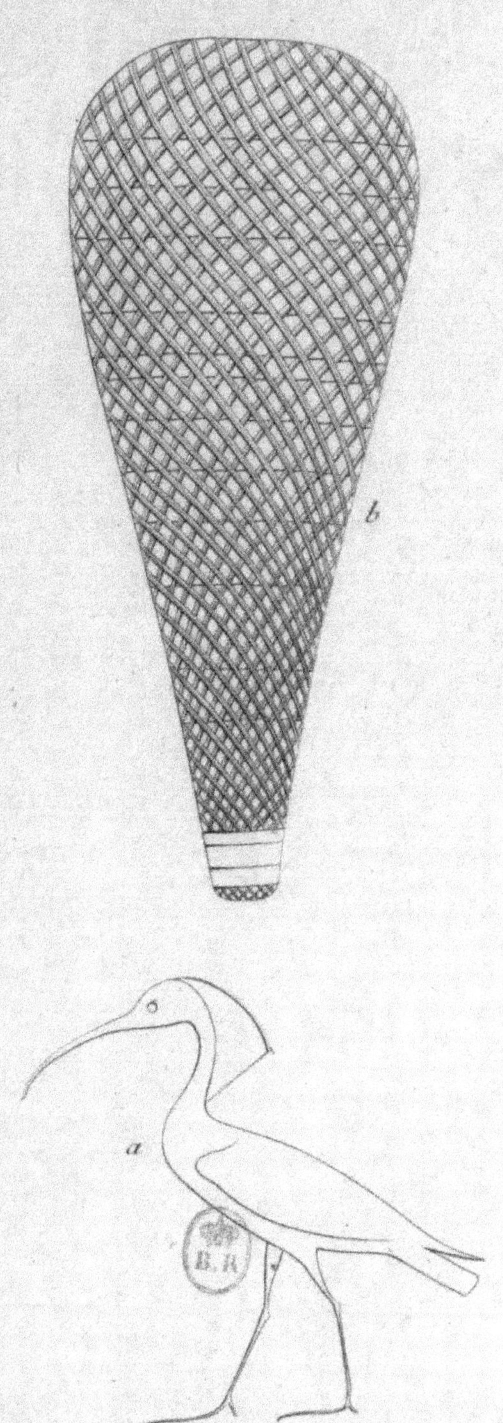

www.ingramcontent.com/pod-product-compliance
Lightning Source LLC
LaVergne TN
LVHW010956180726
843502LV00004B/1213